前 言

一方水土养一方人。乡村是中国的根脉，是国家大厦的基石，是传统文化的根基所在。涵养传统文化，发掘人们生产生活及社会变迁的发展印记，为乡村振兴注入更多文化动能，让每一个村落的历史积淀和文化景观都显示出独特的个性魅力，需要人们高度重视、精心维系传统文化因子。

东莞市桥头镇邓屋村，是一个有着650多年历史的邓姓聚居的古村落，曾获评为"广东省古村落"。从古至今，一代代的邓屋人用辛勤的汗水浇灌着这片土地，在漫长的历史长河中塑造了岭南特色的传统村落文化景观。

新中国成立后，面对人多地少、土地贫瘠、旱涝频发的艰苦农业生产条件，邓屋人以勇于拼搏、艰苦奋斗的精神意志，兴修水利、平田改土、整治农田，在丘陵山岗和洼地埔田之间描绘出一幅幅欣欣向荣的田园景观。历经数百载沧桑，邓屋古村"旧围"，现在仍然较好地保存了200余间传统民居建筑。古村格局完整，空间肌理清晰，麻石古巷道、南北门楼、文庙及宗祠等建筑景观，见证和诉说着过去日出而作、日落而息的生活故事。在邓屋人的持守中，传统民俗、饮食习俗以及民间工艺传承延续，不断地在日常生活和节庆时分以鲜活的形式展现出来。

近百年来，邓屋涌现出众多活跃在科教文化领域的名人。其中，邓植仪、邓盛仪兄弟，曾在抗日战争时期，亲身参与和见证了华南地区高校内迁粤北韶关坪石等地坚持办学的光辉历史，被尊称为"坪石先生"。在广东省委省政府和东莞市委市政府的指导下，桥头镇积极筹备邓屋籍"坪石先生"邓植仪、邓盛仪祖屋的修缮及布展工作，打造"华南教育历史研学点"。邓屋人崇文重教的家训家风与坪石精神在此交汇碰撞，历久弥新，展示出优秀传统文化精神的时代光彩。

几百年的历史传承，形成了邓屋建村、安居、筑屋、立业、乡俗、美食、教育等文化景观的内容内涵。邓屋，一座岭南村落，它是独一无二的；但在某种意义上来讲，它又是珠三角地区乡村聚落沧海桑田、变迁演化的缩影和代表。文化景观之中浓缩着的乡村历史和人文精神，令人读懂过去、珍惜现在、期待未来！

东莞市桥头镇文化服务中心

目 录

前言

1 建村：
村落的形成发展

2 安居：
聚落格局及其景观形态

3 筑屋：
传统建筑的建造、类型及装饰

4

立业：
农业景观的形成与发展

5

乡俗：
民俗民艺，异彩纷呈

6

美食：

桥头特色，古村韵味

7

教育：

文德家风，传承有序

1

建村：
村落的形成发展

1.1 东江河畔，气候湿热

　　邓屋村位于广东省东莞市东北部的桥头镇。东莞市地势东南高、西北低，自东南向西北倾斜，区域内丘陵冈地面积最大，次为平原，山地面积最少[①]。据民国陈伯陶《东莞县志》[②]所载，东莞山脉来源于宝安的梧桐山，该山北行入莞界者分为三大条：东条主峰为银瓶嘴山，中条主峰为宝山，西条主峰为莲花山、大岭山。而入东莞境内的两条主要山脉为银瓶嘴山和宝山。银屏嘴山是东条北行的主要山脉，为东莞市内最高的山峰，宝山是中条主行的山脉，整体呈南北走向。两条山脉向北延伸进入桥头境内，形成蒲瓜岭、松山岭、虎尾岭、红布岭等余脉[③]（图1.1.1）。东莞境内有珠江水系的主要支流之一，东江[④]。东江上游发端于东北方向的河源龙川等地，经惠州向西绕过惠阳永平村，流经桥头镇东江村和邵岗头村，流向企石、石排、石龙，最后注入狮子洋，东江水系流经桥头镇的水域面积达0.64平方公里。[⑤]

　　根据地理环境条件，东莞曾划分为城镇、水乡、埔田、沿海、丘陵、山区等片区，桥头镇属埔田片区；2017年东莞推进园区统筹片区联动协调发展，将全市优化调整为六大片区，[⑥]桥头镇位于其中的东部产业园片区。桥头镇的水资源较为丰富，其东北部是石马河，东部是潼湖。全镇地势东南高、西北低，中、西部有连绵起伏的山岭，形成丘陵地带；河流走向由南向北，与山脉走向相符[⑦]。邓屋村地处桥头镇中部区域，区域内因河网交错而形成冲积平原地形特征，局部丘陵山岗，海拔变化和缓。早期的邓屋聚落就在这样的环境中孕育而生。

　　现在的邓屋村辖域面积约2.66平方公里，村落的地理空间范围东至惠阳的牛头窝、开口湖，西至企石的清湖、七星岭、大雾岭，面积约2.66平方公里，有邓屋旧围、邓屋新围等自然村（图1.1.2）。

---

① 东莞市地方志编撰委员会编. 东莞市志 [M]. 广州：广东人民出版社，1995：133-134.
② 陈伯陶. 民国东莞县志 [M]. 上海：上海书店出版社，2013.
③ 中共桥头镇委员会，桥头镇人民政府编. 东莞市桥头镇志 [M]. 广州：岭南美术出版社，2006：29-30.
④ 东江：古称湟水、循江、龙川江等，珠江水系干流之一。发源于江西省寻乌县桠髻钵，源河为三桐河。集水面积35340平方公里，河长562公里，平均年径流量257亿立方米。干流在龙川县合河坝以上称寻邬水，汇贝岭水后始称东江。（数据来源：广东省情数据库）
⑤ 同本页③。
⑥ 六大片区分别为：城区片区，包括南城街道、莞城街道、东城街道、万江街道、高埗镇、石碣镇；松山湖片区，包括松山湖高新技术产业开发区（东莞生态产业园区）、茶山镇、寮步镇、大朗镇、大岭山镇、石龙镇、石排镇；滨海片区，包括长安镇（滨海湾新区）、沙田镇（东莞港）、虎门镇、厚街镇；水乡新城片区，包括麻涌镇、中堂镇、望牛墩镇、洪梅镇、道滘镇；东部产业园片区，包括常平镇、谢岗镇（广东东莞粤海银瓶合作创新区）、东坑镇、桥头镇、企石镇、横沥镇、黄江镇；东南临深片区，包括塘厦镇、清溪镇、凤岗镇、樟木头镇。详见：http://static.nfapp.southcn.com/content/201704/01/c349762.html.
⑦ 同本页③。

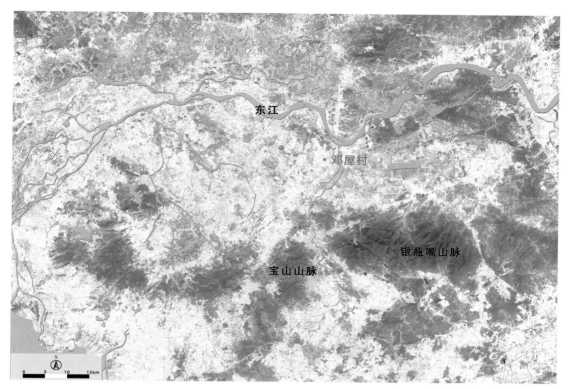

图1.1.1　区域地形地貌图（来源：根据百度卫星图改绘）

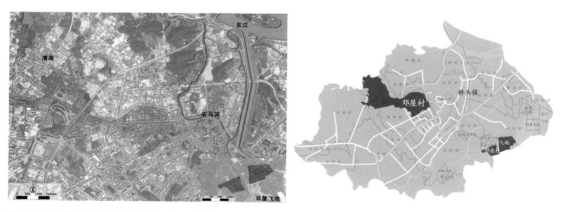

图1.1.2　邓屋村落区位及范围示意图（来源：根据桥头镇地图、百度卫星图改绘）

东莞处北回归线地带，具有亚热带季风气候特点。据民国《东莞县志》记载，"岭南气候大致相同，然各县所居之地山海攸殊，不无小异"。东莞地区"气候少阴多阳，膏壤沃野，弥望和煦，暖风所至，百胜时起，霜不杀草"。[①]这里长夏无冬、终年不见霜雪，日照时间长，具有光热充足，气候温暖、雨量充沛的特点[②]。本地区夏季多南风，冬季多东风和北风。邓屋村毗邻东江水系，"盛夏连雨、三冬不雪"，最高温度一般可达36℃，最低温度1℃~3℃，平均气温22℃。在正常年份，邓屋村所在地区的年降雨量可达1800~2000毫米。其中，春季雨水较少；夏季降雨量逐渐增多，到夏末还会有天气骤变的"过云雨"，当地人也称其为"白撞雨"；秋季则雷雨集中，常下"秋淋雨"；冬季雨量偏少，会有霜冻，天气相对其他季节较为干燥。由于全年气温高，雨水丰沛，因此本地的动植物资源十分丰富，城乡各地常年鸟语花香，绿树成荫，各种蔬果，品类繁多。

一方水土养一方人，正是在这样的地理环境和气候条件下，邓屋人在长期的生产、生活过程中塑造了具有岭南地域特色的文化景观。村落长久以来的建设发展，积淀了丰富的物质和非物质文化成果，广泛而深刻地反映出人们顺应自然，利用资源，与自然和谐共处的人居智慧。

1.2 聚族而居，围村渐成

1.2.1 建村历史

邓屋得名，取自于本村居民姓氏。邓氏"系承曼氏，望出南阳"，发源于今河南省境内南阳一带。邓姓以这里为中心，不断繁衍外迁，并以"南阳"作为堂号，表明祖先源流。东汉时期名人邓禹被封"高密侯"，因此迁居各地的邓姓后人常题写堂联如"东汉家声远，南阳世泽长"，而邓屋村内的邓氏宗祠，头门楹联即为"高密家声，南阳世系"。

经过历代的迁徙过程，邓姓已分布于华夏大地的不同地区。据邓屋村邓氏的在编族谱，以及广东省韶关市南雄珠玑巷有关各姓氏南迁考据档案可知：元朝中叶，入粤始祖邓邦仁初居浙江省，参加科举考试金榜题名，后被派到广东任南雄县令，住南雄珠玑巷13号，生下仲其、仲元、仲天三子。仲其又传下光祖，光祖又传下8子3女，号称8凤，又称8子邓。其八子凤鸾传下衡石，衡石在东江岸边定居，靠打渔为生。衡石传下日德、月德、帝德三子，后人居于现

① 陈伯陶.民国东莞县志［M］.上海：上海书店出版社，2013.
② 东莞气象志编纂委员会.东莞气象志［M］.北京：气象出版社，2006：17.

在的桥头镇一带。其中，帝德由石排白面前围迁移至桥头的土桥寄住，后建新居。土桥的卢屋围（今邓屋所在地一带）内其他姓氏外迁他处或人丁减少，明洪武四年（1371年），长居此地的邓帝德孙邓安公立邓屋村，尊帝德公为始祖（图1.2.1）。

邓屋村域内既有丘陵，又有埔田，曾有大小山头16个，埔田600亩。目前保留的邓屋古村，当地人称"旧围"，村落形态基本完整，存有南北门楼、祠堂、民居、文庙、古井、水塘等传统建筑及景观要素。随着人口增加，邓屋人在黄麻岭南面拓展开发，建设"新围"，进一步扩大了生产、生活空间（图1.2.2、图1.2.3）。

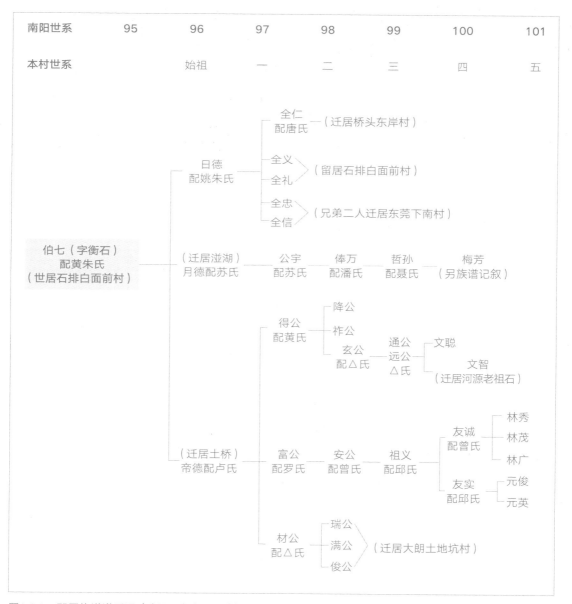

图1.2.1　邓屋族谱谱系图（来源：根据邓屋村委提供的在编族谱绘制）

图1.2.2　邓屋村旧围（来源：桥头镇文化服务中心提供）

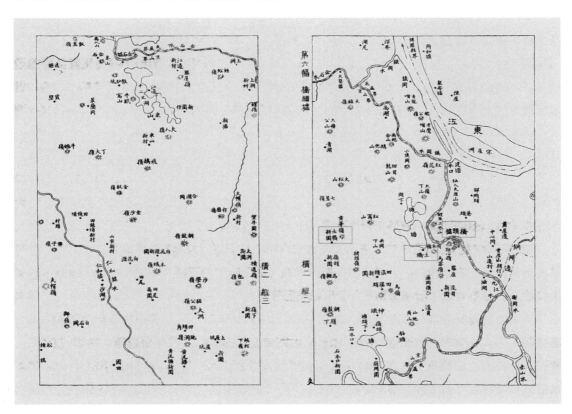

图1.2.3　《东莞县志》（宣统辛亥年，1911年重修）中的"桥头墟""土桥""土桥新围"（来源：陈伯陶．民国东莞县志［M］．上海：上海书店出版社，2013）

1.2.2 宗亲族系

桥头镇多个村落分布邓姓居住，其中桥头村杨公朗、涩湖等村与邓屋村在历史上是存在着宗亲血缘联系的。从邓屋村的在编族谱记录可知，这些联系可以追溯至世居石排白面前村的九十五代伯七（字衡石）公。衡石的三子，即九十六代的日德公、月德公、帝德公三兄弟，开枝散叶，分居于桥头的不同地方。

图1.2.4　第四届惠莞邓氏宗亲联谊会（来源：桥头镇文化服务中心提供）

日德公娶妻姚朱氏生五子，分别为长子全仁、次子全羲、三子全礼、四子全忠、五子全信。长子全仁由石排白面前迁桥头的东岸村定居，次子全羲、三子全礼世居白面前，四子全忠、五子全信兄弟二人由白面前迁居下南村。因此，桥头镇东岸村（现称东江村）邓姓后人尊日德公为本村始祖。

月德公由石排白面前迁桥头涩湖定居，娶妻苏氏，生一子公宇，世居涩湖，因此该村邓姓后人尊月德公为涩湖始祖。

帝德公为邓屋村始祖，至九十七代，帝德公长子得公传至一百代的文智公时，迁居河源老祖石。1958年因建新丰江水库，文智公的后人又迁博罗县湖镇长宁新村居住。帝德公三子材公迁往大朗土地坑村，二子富公留在邓屋繁衍生息，其子孙也有部分迁徙外地。

随着时间的不断推进，桥头镇的邓氏人口不断壮大，在民间节庆民俗活动中，不同村落，乃至不同地市的人们追根溯源，互相探访交流，继续延续这种难得的历史亲缘关系（图1.2.4）。

1.2.3 商贸往来

在墟市贸易需求刺激下，桥头镇在历史上逐渐形成了固定的、连片的集市贸易墟镇，在邓屋附近，有一处本镇规模最大的区域称为"桥头墟"。除桥头墟外，桥头镇境内还有石水口的中和墟、东江的长和墟、李屋墟等几处规模略小的墟市。

桥头墟处于桥头镇中心位置，北临石马河，南靠鸡心岭，水陆交通便利通达。片区内街道纵横，店铺连绵。根据桥头墟建设的历史记载可知，土桥，也即现在的李屋、邓屋一带，曾建有一条街的旧墟市，规模较小，服务于土桥一带的村民。清康熙六十年（1721年），在太史陈昆霞组织下，陈姓九房及桥头一带十八约的诸姓乡亲合股耗资"三千金"择地建墟，取名"义和墟"，后墟市范围逐年扩大。1927年，李屋招股新建了"东桥市"骑楼商业街。至此，三处地理位置邻近的"墟"形成商业成片分布的墟镇，本地人遂将桥头旧墟、义和墟、东桥市统称为一墟，名为"桥头墟"，一直沿用至今。每逢三、六、九趁墟日，附近村镇居民云集与此，人声鼎沸，商业繁荣，使得这里渐渐成为地区性的政治、经济、文化中心。借由石马河便利的水路交通，桥头墟的影响力拓展到外埠，一度成为东莞、惠阳、博罗三县农副产品、商贸物资的重要集散地。货船、客船川流不息，人员往来和商业贸易带动了地区经济的发展。

　　义和墟，最初形成于清康熙年间，曾几何时，店铺林立，繁荣一方，就好似今天的商业步行街。义和墟的老街现位于桥头镇文明路东末段，义和墟市场囊括了广晋街、塘边街、沙边街等街道，如今穿行在街上，仍然有各类店铺维持经营，昔日繁华依稀可辨。1990年，一块清代石碑在广晋街"陈家祠"遗址出土，碑身镌刻有碑文《建立义和墟厅房记》，详细描述了桥头先人集资建墟的缘由，以及参建人物、建设过程及经营管理方式。1998年，另一块清乾隆年间的石碑《审断墟期碑》被发现。碑文显示，当时义和墟以"三、六、九"日为墟期（图1.2.5、图1.2.6）。《建立义和墟厅房记》碑文摘录如下：

图1.2.5　建立义和墟厅房记石碑1
（来源：桥头镇文化服务中心提供）

图1.2.6　建立义和墟厅房记石碑2
（来源：桥头镇文化服务中心提供）

《建立义和墟厅房记》①

　　义和墟之设也起自太史陈昆霞公，往来宗族间，见其地广人稠，而懋迁无所，采买货物维艰，与子姓并各姓亲友商量，佥言尝出资建立墟场，招集客商贸易。且钟、罗二姓，有土名大岭侧地一带，其地荒弃已久，苦为粮累，爰议备送花红，向其承受开荒立墟。钟、罗二姓亲友乐从。当经于康熙六十年间，昆霞公集同附近子姓九房耆老陈俊君，旭珍等暨附近十八约衿耆莫锡麻、罗昂斌、莫锡荣、罗有贞、邓仲乾、冯瑞长、黄德尚、赖琼容等，议作陆股，出银送花红钟罗二姓，承受其地开辟立墟建铺，招集客商贸易。日后墟成，墟中铺地租以及一切花利，作陆股轮收，昆霞公自作三股，十八约莫锡麻等公同作二股，九房陈俊君等公同作一股。于是，将其地高者平之，低者培之，挑运沙泥，椿砌砖石，讼争延展，积月经年，工料等费几至三千金，皆陆股均出。至于墟中铺舍，则听人承地纳租，各行建造开张营业。递年，将行内铺地租肆间送与钟姓，六间送与罗姓，听其自行收取地租完纳墟地。税量核算，有盈无亏，两相情愿，圩甲稽查，墟中事务，系轮值收墟者，拨人充理，其墟取名义和，迄今数十年来，陆股轮收，情谐意合。钟、罗得无粮累，买卖日以兴隆，客商居人，均受其益，洵美举也。迨至乾隆十二年，昆霞公子孙位南等，承祖父孝思遗命，将其所得墟中三股租利，分为大股，内将肆股送与北祠大祖季昌公，一股送与水头、北栅、石厦三房祖，以赞公一股留与封君祖雪园公，各以助祀事之用。各祖业备花红，送与昆霞公子孙收受，酬其盛意。然其功不可没，族人定议，建造厅宇于墟中，安奉昆霞公暨季昌公牌位。每逢朔望节序备物奠献输诚，又旁后建造房舍，以便子姓趁墟憩歇。其费用，季、赞、雪三祖子孙出一半，九房子姓出一半，公推陈爱庐、谱斯、纪堂、灼心、圣耀、丽日、国玺七人可理其事，安奉牌位之厅宇理宜洁肃。凡子姓之趁圩往来，不得混入骚扰，违者重罚。墟租各项，遇轮收之期值理者，集同族内尊贤公议批投，不得私相授受侵蚀。兹工竣落成，谨述设墟之由与送墟助祀及建立厅房各情镌石嵌墙，以昭遵守，以垂不朽。

　　美高　　　瑞然

　　首事会廷　　明亮仝重修

　　衍嘉　　　阶平

　　乾隆三十二年丁亥六月初十吉日立石

　　道光六年丙戌菊月吉日依旧石立。

　　根据碑文可知，在清康熙六十年（1721年），"太史"陈昆霞认为这一带"地广人稠""采买货物维艰"，因此与本地乡民商量共同"出资建立墟场，招集客商贸易"。钟、罗两姓宗族出让空地用于建设，陈昆霞与本族陈姓九房的陈俊君、陈旭珍等，以及附近十八约的莫锡

① 中共桥头镇委员会，桥头镇人民政府. 东莞市桥头镇志［M］. 广州：岭南美术出版社，2006.

图1.2.7　墟市附近水路河流（来源：调研团队摄）

图1.2.8　义和墟（来源：调研团队摄）

图1.2.9　东桥市1（来源：调研团队摄）

图1.2.10　东桥市2（来源：调研团队摄）

麻、罗昂斌、莫锡荣、罗有贞、邓仲乾、冯瑞长、黄德尚、赖琼容等，集资建设街市。基于市场建设选址位置来看，入股者多来自该墟市附近的村落，其中，入股建设的邓仲乾，未见有明确详细的记载显示其身份，从今日桥头邓姓的分布来看，邓姓村落主要有屋厦、杨公朗、涯湖、邓屋，推测邓仲乾来自其中某一个村落。

最初建成的广晋街中段，两端设有墟市大门，题"义和墟"。建成后，买卖日益兴隆，无论客商还是本地居民，均获裨益。由于选址位置优越，毗邻水路，交通运输方便，因此义和墟影响日渐扩大，远及周边村镇，凡到趁墟日，各地农贸产品、禽畜经水路运抵而来，形成繁荣的交易市场，于是人们在墟门之外不断扩建经营，形成多条街市连接的市场（图1.2.7、图1.2.8）。

1927年，李屋村在红木岭下招股开墟，周边多村入股参建，新建的墟市街道较宽，采用了当时珠三角城市流行的骑楼建筑样式，临街为商铺铺面，屋后及楼上起居住人，商住一体。骑楼不仅可以遮阳、避雨，供行人通过，同时也扩展了零售摊档经营的空间。20世纪20～30年代，本地经济情况好转，一些新式的机器设备引进桥头，如加工粮油产品的榨油机等，吸引了不少周边百姓慕名前来。该墟市取名"东桥市"（图1.2.9、图1.2.10），与"义和墟"遥相呼应，在方圆数公里的范围内形成繁荣的商贸圈，以至于桥头镇建设粮仓、农业学校、行政办公场所等也都集中在这一带。人们开始以"桥头墟"统称桥头旧墟、义和墟、东桥市形成的墟镇街区，正是反映了这里已经成为当时桥头镇的核心区域。

　　桥头墟的街市有着具象生动的名称，如鱼尾街、布街、糖街、鹅仔街、谷行头、猪仔行，直观表明街市主营的商品货物类型，塘边街、沙边街则说明了街市的位置。从经营业态来看，既有经营粮油食品的米铺、酱盐铺、饼店，也有家庭生活日用的药材铺、烟铺、洋货铺、竹器店、打铁铺、木器店、文具店，还有农业相关的屠宰铺、肥料铺、农产品收购店、谷行、猪仔行，以及旅店、金铺、当铺等。其中，从事纺纱织布、竹织、草编、榨油、打铁、木器的手工作坊集中分布在广晋街、沙边街，时至今日这里仍然保留了凉帽店、竹器店、草编制品店等。

　　邓屋所处地理位置，距离原东桥市和义和墟不到2公里，无论是承租店面经营小本生意，还是购置日常生活所需的农副产品、物资用品，都极为便利。而本地墟镇商业的繁荣也一度带动和提升了邓屋的生产、生活水平。传统"墟市"的辉煌，随着时代的发展进步，已经逐渐沉淀为历史的记忆。在经历了清代义和墟、近代东桥市之后，在毗邻2处墟市水路的北岸，新建的现代商贸市场，成为一处新的商业旺点。由于农副产品购销两旺，市场繁荣，邓屋旧围附近也形成了集市："每逢集市日，老屋前面的公路上热闹非凡。商品种类繁多，有糕点、砂糖、盐等食用品，还有不少自制的日用品。农民们自榨的油吃不完，就拿到集市上销售，换回其他的日用品。因此，菜油、豆油、花生油的油香溢满了整条公路。"[1]近十年来，桥头墟附近邓屋、李屋等村人们的经济活动和生活范围已然大为扩展，无论是自驾车前往市区的大型综合商场还是安坐家中体验网络购物，日常消费有了更加多样的选择。在义和墟延续下来的传统手工艺商店、小食店，时下维系营生已较为艰难，但由于这些传统的商品具有特殊性，人们逢年过节、喜庆典礼时候，仍然首先想到来这里采购应时物品。来自邓屋村的邓锡稳，作为凉帽竹织的市级非遗项目传承人，在桥头墟经营着一间手工作坊式的竹织店，凉帽、竹编器具是其主打产品，桥头人婚嫁、庆典、过节时候便会按照传统的采购清单，来此"打卡"购物。

1.3 建制沿革，聚落发展

1.3.1 村落现状

　　桥头镇邓屋村位于桥头镇中部偏向西北的片区，至2020年年底，邓屋村常住人口约13000人，其中户籍人口2347人，男性1130人，女性1217人。村民均为汉族，属广府民系，

---

① 莫树材. 邓屋的故事［M］. 东莞：东印印刷有限公司，2006：165.

使用粤方言东莞桥头话。现在村镇交通便捷，莞桥公路和东深公路穿村而过，是东莞东部快速路起点（图1.3.1、图1.3.2）。

图1.3.1　邓屋村村界图（来源：根据桥头镇地图、百度卫星图改绘）

图1.3.2　邓屋村田园风光（来源：调研团队摄）

图1.3.3　邓屋广场（来源：调研团队摄）

现在的邓屋村人们生活殷实、富裕，大都已经离开旧围村，居住在自建的新房或是住宅小区中。但在历史上，这里曾经是有名的贫困村落。由于人多地少，生活艰辛，村民甚至要远赴企石镇种田。据《桥头镇志》记载，邓屋村的土地为谷底冲积泥炭土田、沙泥湖洋田和涩眼田，在进行大规模农田土壤改造和水利设施建设之前，粮食作物普遍低产。历史上也还曾多次发生大旱、洪涝等灾害，导致农业失收。直到新中国成立后，邓屋村大力推进农业基础设施建设，改善农

图1.3.4　瞻光亭（来源：调研团队摄）

业生产条件，终于有效地解决了温饱问题。改革开放后，邓屋村的经济结构调整，经济建设取得突出成绩，通过积极招商引资，发展外向型工业，建设了多个配套设施完善、管理科学的工业园区，村里入驻企业多达20多家。同时，邓屋村加强文化建设，建设了一个占地3.5万平方米的邓屋文化广场（图1.3.3、图1.3.4），配套展览馆、游憩设施，群众文化活动丰富多彩，先后获得"市文明村""市卫生村""省卫生村"等光荣称号。

最让邓屋人自豪的，是村里涌现的众多科教文化名人。中国近代高等农业教育先驱、著名土壤学家邓植仪，爱国企业家邓盛仪，中国科学院院士、激光专家邓锡铭，邮票设计专家邓锡清……近百年来，邓屋涌现出的科学家、工程师、企业家和文化名人，活跃在国内外各行业领域。

1.3.2　建制沿革

1．明朝以前

据民国陈伯陶主编的《东莞县志》（卷三，與地略、坊都）中记载："明以前邑制，城内曰坊，附城曰厢，坊三而厢一，其在野则以乡统都，乡四而都十三。"当时全县四乡为文顺乡、归城乡、恩德乡、延福乡，其中"归城乡统都四曰五曰六曰七曰八"，归城乡提到的村庄涵盖今桥头镇大部分乡村，即明以前桥头邓屋村属于归城乡。

2．清朝

据民国陈伯陶《东莞县志》（與地略）中记载，清代东莞县城乡"分五属"，即分别为捕厅、戎厅、京山司、中堂司、缺口司五属管辖。书中提到的"第五都城东一百四十里内有小村三十二属京山司者十五约横枝沥曰横冈厦曰石水口曰大刁曰司马曰白花沥曰田界头曰塘贝桥头曰土桥曰迳贝曰铁炉阮曰东山曰江边曰上洞余属县丞及缺口司……"即清朝时邓屋村（土桥）归属于京山司。

3. 近代

据《东莞市桥头镇志》可知建制情况如表1.3.1。

近代建制情况表　　　　　　　　　　　　　　　　　　　　表1.3.1

时间	建制情况
民国25年（1936年）	东莞县实行保甲制
民国36年11月至民国37年1月（1947年11月至1948年1月）	全县辖6个区，区下设乡，乡下设保。桥头境内大都属第三区，名丰乐乡（30保），今桥头邓屋村当时归属于丰乐乡
民国37年至民国38年（1948年至1949年）	国民党县政府将区乡建置作了调整，全县仍设6个区，桥头邓屋仍属第三区

4. 新中国成立后

据《东莞市桥头镇志》可知建制情况如表1.3.2。

新中国成立后建制情况表　　　　　　　　　　　　　　　　表1.3.2

时间	建制情况
新中国成立前	东莞县划分8个区，桥头邓屋村属第七区
1953年春	全县将原来的8个区划分为15个区，桥头邓屋村被划为第九区
1954年7月10日	全县建立10个乡级镇，把茶山、寮步、大朗、常平、清溪、桥头、厚街、道滘等乡改为乡级镇，此时邓屋村归属于桥头镇
1955年9月	第九区改称桥头区
1957年至1983年	全县从撤区设乡到废除大乡制，建立人民公社制再到人民公社制度撤销，桥头区不断析出合并。1983年10月，桥头公社改为桥头区，各大队改为乡，含邓屋乡

续表

时间	建制情况
1985年	东莞撤县建市
1986年11月	桥头区改称桥头镇，原区所管辖的14个乡略作调整，变为16个管理区和1个居委会，其中邓屋乡更改为邓屋管理区
1999年5~6月至今	邓屋管理区改称为邓屋村[①]

1.3.3 旧围记忆

邓屋旧围，建立在一座丘陵岗地之上（图1.3.5）。旧围可以说是一处选址理想的"宝地"，南方面向迳贝村两侧山岭之间的通道，河水迎面而来流入"面前湖"（图1.3.6），西侧有田溪村（今田新村）上高望一带的河水流入面前湖。村落北面也有一水塘，当地人称背底湖。邓屋旧围建在了两湖之间的丘陵台地之上，有四水归源的意象，正如邓屋人描述记忆中的景象："站在南门或北门向外张望，可以看到塘边枝繁叶茂的古榕树，望到远处翠绿的群山。"[②]过去这里远望可以看到青山、绿洲、秀水迎面而来，优美自然景色尽收眼底。

那历史上邓屋村旧围是如何建设起来的呢？据族人流传至今的故事可知：邓富，原与父亲邓帝德、母亲卢氏（另一说为黄氏）居住东莞石排水贝村白面前围，因其母亲是桥头土桥芦桔坊人，其外婆邱氏（另一说法为丘氏）身边无子无女照顾。于是帝德夫妇把邓富送到土桥芦桔坊邱氏外婆处生活，同时也能互相照顾。邓富在芦桔坊邱氏外婆处长大成人，结婚成家，生儿育女。后帝德公夫妇也从石排白面前围迁址芦桔坊与邱氏、邓富一家住在一起。

图1.3.5 邓屋旧围民居（来源：调研团队摄）

图1.3.6 邓屋面前湖风光旧照（来源：桥头镇文化服务中心提供）

① 中共桥头镇委员会，桥头镇人民政府．东莞市桥头镇志[M]．广州：岭南美术出版社，2006．
② 莫树材．邓屋的故事［M］．东莞：东印印刷有限公司，2006：152．

图1.3.7 邓屋旧围巷道（来源：调研团队摄）

居住上高园芦桔坊和居住卢屋围的卢、黄两姓人家，人丁稀少，逐渐迁居外地。明洪武四年（1371年），邓帝德之孙邓安公立村，得名邓屋，邓氏正式以土桥邓屋村开基立业。村落选址即位于芦桔坊与卢屋围之间的一座丘陵山岗，从此以后，邓氏后代在此安居乐业、建造房屋，聚落范围逐渐扩大。

旧围古村保留了大量民居建筑，房屋排布较为密集，纵向、横向的巷道交错分布。斑驳的墙面，一块块麻石铺就的小路留下了昔日生活的印记（图1.3.7）。在这些当地人称为"老屋"的建筑中，有一处复建的村落祠堂"邓氏宗祠"，位于古村东南角，最为突出和醒目。邓屋祠堂面前的水塘因靠近东门楼，因而被称作东门塘，是邓屋村民进出村落经常经过的地方。20世纪四五十年代的时候，这口水塘边曾经有一段围墙，但年久失修，逐渐破败。旧围村落内村民们的生活废水和雨水，经过自上而下的水沟而汇入水塘。由于疏于清理，水塘曾经一度被污染。到了20世纪七八十年代，村民进行清洁整改，水面景观大为改观："*每当人们从塘边走过的时候，看看那清澈的塘水，心里感觉得非常舒畅。早晨，透过平静的水面，可以看到成群结队的小鱼游来游去。鱼儿偶尔嬉戏，水面会泛起涟漪，一会儿又平静下来。微风吹来，水面像一幅锦缎似的随风飘荡。入夜，塘边的霓虹灯发出的光和水面交织在一起，闪耀着奇异的光彩。*"[①]

图1.3.8 东门塘（来源：调研团队摄）

图1.3.9 囍庆楼（来源：桥头镇文化服务中心提供）

---

① 莫树材. 邓屋的故事［M］. 东莞：东印印刷有限公司，2006：168-169.

东门塘边的土地，土质松软肥沃，种出的青菜味道甜美，"边园芥菜"即产自于此。如今，塘的四周建了护栏，环湖铺装了人行道路，安装灯饰。村民可以沿着水塘散步，欣赏美景，观赏游鱼，或在树下石凳谈笑纳凉，尽情享受生活的闲情逸致（图1.3.8）。

随着村落建设发展，旧围里的村民几乎都迁出居住，留下了古色古香的房屋。村口不远修建了村委大楼、囍庆楼（图1.3.9），建设了学校，守望着邓屋的古村故土（图1.3.10、图1.3.11）。

图1.3.10　旧围（来源：桥头镇文化服务中心提供）

图1.3.11　新村（来源：桥头镇文化服务中心提供）

2

安居：

聚落格局及其景观形态

2.1 聚落格局：三生空间，沧海桑田

　　中国的传统文化讲究天人合一。古人敬畏自然，崇拜自然，通过漫长和艰苦的探索，寻找理想择居选址的经验规律。他们根据自己所处地域的自然生态环境条件，趋利避害，营造聚落。岭南地区地形地貌多变，气候湿热，因此在传统聚落的选址及营建过程中，人们需要注重自然环境条件，遵循气候和地形地质条件的限制，因地制宜，充分、合理地利用土地资源，既要保障农业生产需求，还需营造安全、宜居、防灾的居住空间，并保持适度的人口聚居规模，达到生产和生活的平衡。经过长期的建设经营，岭南地区聚落形成了具有地域特征的多种空间模式，容纳了人与自然和谐共处的生态空间，发挥自然资源效益的生产空间，人们协作互助的生活空间。生态、生产、生活的"三生"空间相互联系、互为作用，共同塑造可持续发展的人居环境。

　　邓氏先民来到东江流域的这片土地，初在东江岸边搭建棚屋定居，以在东江捕鱼、农垦为生，后移居土桥芦桔坊处，繁衍生息，因人口繁衍，逐渐拓展到上高园、边园等地立围。邓屋旧围的选址，以丘陵岗地为基地。村落南有面前湖，北有背底湖，正对迳贝的两座山峰之间，东部远眺银瓶嘴山脉，黄麻岭、尖冈吓、坟前岭等丘陵山头散落分布其中。后来为了拓展生存空间，邓屋祖先又在黄麻岭南面建新围，同时依靠其作为邓屋屏障，逐渐发展，形成了如今的聚落空间范围（图2.1.1）。

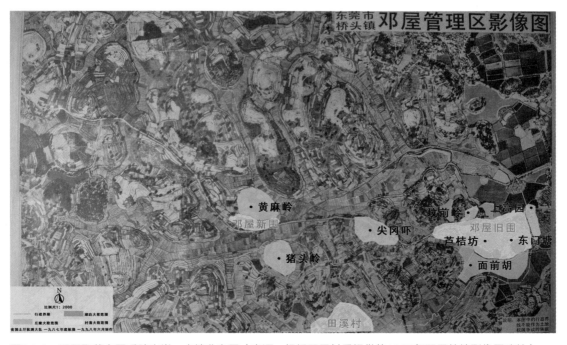

图2.1.1　邓屋聚落主要丘陵山岗、水塘分布图（来源：根据邓屋村委提供的1987年邓屋航拍影像图改绘）

邓屋的聚落空间格局，较好地发挥了丘陵岗地和水系资源的优势作用。村庄地处东江之滨，聚落因江水而生，聚居点附近的水塘和河流水系为农事生产提供了水产养殖、物资运输以及农业灌溉的便利。但另一方面，邓屋村附近的东江石马河，又易于造成洪水灾害，因此人们在选择靠近水源的同时，还需充分考虑趋避水患的防灾问题。于是，海拔地势较高的岗地上建设居住房屋，最大限度避免水患侵扰，成为理想的选址方案。此外，在农耕文明的时代，村民的聚居地点一般会尽量靠近本村的耕作田地，为日常生产生活提供便利条件。就邓屋的实际来看，在人口不断增长、人均优质土地资源有限的情况下，邓屋村民通过不断地农业开发和空间拓展，才实现了科学、高效的农业布局。

邓屋早期的居住建筑顺应岗地地形而建，农业生产充分利用并改造已有的土地资源，在高处山丘造林植树，低地依水建塘垦田。聚落空间沿东西向伸展，形成分段式空间格局。其中，东部以古村旧围的高地为核心，四周环布水塘；中部以新围为界，林田交错；西部则以缓坡平原的旱地为主，广垦田地。山形水势形成的整体生态空间，建筑集中分布的聚居生活空间，林田耕地构成的生产空间，三者相融相生，成为邓屋村聚落空间的主体内容，在20世纪末稳定下来（图2.1.2）。

图2.1.2　1987年邓屋村农田水塘分布情况
（来源：调研团队绘）

2.2 村围景观布局：排屋古巷，台地环绕

2.2.1 村围布局模式

岭南广府地区乡村聚落常见的选址模式表现为，背靠山岗、丘陵选址建设村落，使之面向水塘、洼地、农田。从聚落空间体系的构建来看，"背山面水"的形与势反映了中华传统文化中的理想环境模式。珠江三角洲地区海拔高的山脉分布少，平原及和缓的丘陵地形较为常见，因此村落大都选择丘陵地带的缓坡作为"靠山"，首排的民居建筑前临水塘、河涌，从而形成前后"山""水"的呼应。客观而言，不同的建村基址必然存在地形条件差异，所以在满足聚落空间整体"背山面水"的大前提下，各个村落的民居建筑群朝向并不相同。当然，坐北朝南

的方位是建房首选，因其更适宜气候条件。

广府地区村落的布局模式，人们最为熟悉的莫过于"梳式布局"，属于典型的纵巷布局模式。主要特点为：村落以一个垂直于民居朝向的晒坪带状广场（梳把）统领全村，以垂直于该晒坪的若干条纵巷为里巷（梳齿）。民居建筑以晒坪为起点，沿纵巷由前向后秩序排列。各栋民居单元的入口开设在山墙面。当纵巷过长时，会适度增加横巷来辅助交通，但是纵巷的数量远超于横巷。[1][2]

与梳式布局有所不同的是"台地环绕式"。邓屋的村落建筑的布局模式即为此类型案例，在桥头镇乃至东莞市的其他村镇比较常见，广府地区的肇庆高要地区也有此类布局村落，其共性特征表现为，丘陵和水系分布较密，村落选址建造于小山岗之上，山岗坡度和缓，一般只有十几米的高差，聚落建筑沿丘陵台地分布，呈环绕形态，形成中部耸起、四周逐级降低的空间形态。

这样的选址模式依托了丘陵山岗，高起的地势具有一定的防灾、防卫功能：一方面，每逢下雨，村内雨水会由高而低自然排出，汇入外围具有蓄水功能的水塘，很大程度上可以避免民居遭受水浸灾害；另一方面，通过修建村落围墙、门楼限制出入，与水塘共同组合形成围合保护之势，共同构筑御敌防卫的屏障。

2.2.2 建筑布局形态

图2.2.1 旧围航拍局部（来源：调研团队摄）

从1987年的邓屋航拍图可知，邓屋旧围四周分布着大大小小的丘陵、水塘和农田，视野开阔。旧围古村的建筑形态保持了整体连续的空间肌理，民居建筑沿等高线水平排列，顺地势层层递进排布。当然，毕竟经过多年变迁，也难免存在房屋整修、重建和局部损坏的情况（图2.2.1）。

大部分民居建筑单元以排屋形式形成组合布局，即数量不等的单开间房屋单元横向连续排列，左右相连成为一组"排屋"，若干成组的"排屋"沿山岗等高线排列，形成曲尺状。随着地势由高到低变化，环带状的台地周长逐渐增加，因此单组"排屋"的规模也随之逐渐增长。在邓屋村落南部低海拔片区，村落前排分布一组排屋总面宽近30米，共有3.3米面宽的单

---

① 陆琦. 广东民居 [M]. 北京：中国建筑工业出版社，2008：79.
② 冯江，阮思勤. 广府村落田野调查个案：塱头 [J]. 新建筑，2010（5）：6-11.

图2.2.2　旧围纵巷（来源：调研团队摄）

图2.2.3　旧围横巷（来源：调研团队摄）

开间房屋单元9间。而在地势较高处，以及在台地的水平转折处，往往嵌入较小规模的排屋，甚至是独立的单栋建筑。

民居建筑密集排列，形成片区，紧凑的房屋组群之间分布着纵横巷道（图2.2.2、图2.2.3）。纵巷较窄，尺度在1米到1.5米之间不等，横巷较宽，约2米，大部分民居，特别是单开间相连形成的排屋均在正立面设置入口。部分巷道地面铺设了麻石，麻石的尺寸一般宽约35厘米，长约80厘米，在巷道横向铺砌，防滑、耐磨。据村中老人讲述，时至今日仍然保存完好的麻石巷，是当年村里人出钱、出力，逐步铺设建造而成的

图2.2.4　麻石巷（来源：调研团队摄）

（图2.2.4），正是这一条条古朴的巷道，让邓屋走出了几多辉煌。

由于大部分排屋内部没有天井院落，因此横巷不仅具有横向交通联系功能，同时还成为各户人家的门前活动空间，成为邻里之间沟通交流的共享空间，生活气息浓郁。村落的排水沟在屋前横巷沿墙角排布，最后通过纵巷汇集，流入外围的水塘。旧围内没有商业功能的建筑，地堂也即晒谷场，水塘同时兼有养鱼、沤肥、灌溉、防火、调节蓄水等功能，反映出农业社会聚

落生产生活的需求。

聚落内建筑密度大，房屋分布紧凑。人多地少的问题较为明显，故而产生了"仔间""女间"的做法，类似东莞水乡片区中堂镇在村口搭建"凉棚"，集中解决村内少年居住，以"集体宿舍"形式，缓解居住问题。

通过航拍图来俯瞰村落肌理（图2.2.5），民居房屋呈环绕台地排列的形态，由于优先考虑南向和地形地势，因此并非规则的同心圆等高线分布。房屋排布组合的形态好似蛛网，但其形态并不似肇庆高要的八卦村那样规整。人们根据地形变化而调整排屋的开间数量、建筑朝向、纵横向道路的曲直方向，乃至建筑的轮廓形态。如处在转角位置的排屋端头，其山墙并非常规的直线形，而是修为折角形；在有限的用地范围内，还建成了一处高耸的碉楼（本地人称炮楼），尽管其占地面积有限，但起到了重要的瞭望、防卫功能。建筑的用地和布局灵活变通，反映出邓屋聚落的建设十分注重现场环境和实际居住需求。

整体来看，东南朝向民居的分布数量居多（图2.2.6），体现"紫气东来"之意，减少西晒时长，水塘、坡地提供良好的环境条件，可以调整村落内部微气候，缓解气候炎热之苦。同时，房屋间距较小，也有效阻挡了日晒。村落内建筑密集分布，大量形制和形态尺度相同、相近的民居规律排布，巷道分隔民居。因建筑及巷道的方向充满变化，陌生人一旦进入村围，往往意味着进入了一处"迷宫"。人们穿行于纵横巷道之间，在圈层递进的空间层次中，极易迷失方位。而邓氏宗祠作为传统村落社会结构的核心，位于东南方位的前排，最为突出、醒目的

图2.2.5　邓屋旧围肌理图（来源：调研团队绘）

图2.2.6　邓屋旧村建筑朝向图（来源：调研团队绘）

位置，作为本村建筑等级最高、规模最大，装饰装修最精美的公共建筑，祠堂的引领作用十分明显，为这个"台地环绕式"布局的村围树立了核心，标识了方位。

邓屋旧围原本有3座门楼，并砌筑了2~3米高的围墙，现存南北2座门楼。因聚落拓展建设，围墙已拆除。旧围依托山岗而建，因南向方位更加宜居，故而古村内南部片区房屋密度大，邓氏宗祠也是坐北朝南，位于南部片区的首排，占据东南位置，面水而设。目前"东门塘"是旧围村周边保留下来的唯一一处较大规模的水塘，水塘与围村之间，保留并建设了较为宽阔的晒坪"地堂"，更加显示出村落南侧空间方位的重要性。

2.2.3 邻近村围共性

桥头镇的几处现存古村落，包括同样获得"广东省古村落"称号的，有着近800年历史的"进士村"逕联古村，以及岭头、田新等，保存了相似、相近的历史风貌和历史文化传统。桥头民间常以"村围"称呼这些村落，如邓屋村以旧围、新围命名本村先后形成的两处聚居点，田新村也以旧围称呼旧村。"村围"的称呼，反映出历史上聚居聚落较强的封闭性、围合性。一些单姓聚居点，会直接以姓命名，如过去同属土桥的李屋、邓屋，以及逕联一带的叶屋、冯屋、罗屋等。

古村的建筑形式、村落布局也有诸多共性之处（图2.2.7）。依缓坡地形建设的排屋建筑，形成了村落的空间肌理。门楼、祠堂、庙宇、民居等建筑类型的功能、形制、材质相仿。如

图2.2.7 石水口村航拍（来源：桥头镇文化服务中心提供）

图2.2.8 李屋村门楼（来源：调研团队摄）

图2.2.9 李屋村祠堂（来源：调研团队摄）

岭头村大围保留的围门，始建于1932年，硬山顶，青砖砌筑，红砂岩门框，面阔4.4米，进深6.5米。围门内有二层阁楼，墙面开设瞭望孔，围门西侧有一口麻石井口的古井。迳联保存了东围门，尺度规模较大，建筑形制、装修精美，并留有一段青砖砌筑的围墙，高2.65米，厚28厘米。这些传统建筑为我们开展桥头本地村落历史文化的共性研究和个性比较提供了鲜活的、宝贵的实物案例（图2.2.8、图2.2.9）。

现如今，随着人口增长，产业变化，邓屋旧围外部环境随着城乡建设发展而发生巨大变化。旧围内居住人口下降，逐渐空心化，旧围的房屋成了邓屋村民的"祖屋"。祠堂在21世纪初重建后，继续发挥其作为全村公共空间、空间核心的功能作用，逢年过节热闹异常，平日里也多有老人在内休闲、聊天、打牌娱乐。村委会大楼及食堂餐厅修建后，原本在祠堂和地堂广场举行的节庆宴席，改在村委旁的食堂"喜庆堂"操办。东门塘一带经过环境整饬，祠前广场修整一新，邓屋广场、小学学校建设完成，村民的生活更加便利、舒适。

2.3 村围景观节点：要素丰富，体系共存

2.3.1 东门塘

邓氏宗祠前面有一大水塘，当地人称之为风水塘。在水塘边，邓氏宗祠东侧靠近上高园的位置曾建有一个进出村落的东门楼，水塘因此而得名东门塘（图2.3.1）。村落围墙和东门楼现已拆除，东门楼的形制、样式与南门楼大致相同，门楼内供奉菩萨神位，青砖砌筑墙体，门框使用红砂岩条石。

图2.3.1 东门塘（来源：调研团队摄）

据村中老人回忆，与几十年前相比，现在东门塘的大小已缩小了近三分之一，其靠近上高园一侧的部分被填埋修路。过去在东门塘附近，靠近村委大楼的地方盛产"边园芥菜"，在鱼塘肥沃淤泥的滋养和塘水灌溉下，边园芥菜鲜甜味美，远近闻名。

现在，东门塘周边留有步行小路，加装了安全护栏，仍然是村中老人休憩散步，小孩游玩嬉戏的地方。

2.3.2 古井

古时候，水井和农村人的生活息息相关，无论洗衣做饭，还是饮茶、种植、养殖等，都离不开水井（图2.3.2）。

邓屋村原有四口古井，传说是明代挖掘打造。在背底围和沙井的两口水井，据说因基础不够好，又被路过耕牛踢踏，导致井面麻石掉落井中，堵塞涌水口，井水变少。人

图2.3.2 邓屋古井（来源：桥头镇文化服务中心提供）

们逐渐弃用了这两口水井。目前保存下来的是东门水井和南门水井，使用麻石和青砖砌成，井深约5米，一般保持水位2～3米，水面清澈，水质良好。

旅居外地的邓屋人，难忘家乡水、故乡情，每逢回乡，都会瞻仰邓氏宗祠，也自然会看看自己曾经饮水的东门水井、南门水井。

2.3.3 榕树

图2.3.3 榕树（来源：调研团队摄）

岭南广府传统村落文化有着浓厚的榕树情节，每个村口都栽种着繁茂的榕树，成为标志性的村落景观要素，可谓"无榕不成村"。从清朱彝尊《雄州歌》的诗句"绿榕万树鹧鸪天"，我们也可以领略到榕树的风采。榕树具有旺盛的生命力，人们将大榕树视为人丁兴旺、村落繁荣的象征。榕树作为一种地域化的乡土树种，在一定程度上塑造了岭南人的地域文化认同感。

邓屋村现存的古树不多，旧有的一些榕树因病害或道路、房屋建设而被清除；保留下来的榕树欣欣向荣，有几十、上百年的历史，见证并诉说着村落充满生活气息的故事。榕树一年四季常青，一树成荫，浓荫蔽日，树下的空地是炎热夏日人们理想的纳凉活动场所。茶余饭后，人们就惬意地坐在树下聊天、喝茶、下棋、打牌（图2.3.3）。

2.3.4 石敢当

"泰山石敢当习俗"于2006年被列入首批国家级非物质文化遗产名录。"泰山石敢当"，是从"石敢当"发展而来的，源于古代人们对灵石崇拜的传统习俗。其中一种形式是以小石碑立于桥梁、道路要冲，或砌于房屋墙壁，上有"石敢当"或"泰山石敢当"字样，目的是禁压不祥，体现出传统社会吉祥平安文化背景下人们普遍求和尚稳的安居心理。石敢当不仅在全国各地可见，还经由粤闽海外移民而远播海外。民间的巧手工匠创作了大量具有美学价值的石刻和造像，成为重要的历史文物。

据史料记载，宋仁宗庆历年间，福建省莆田县出土了唐代宗大历五年（公元770年）石敢当，石铭云："石敢当，镇百鬼，压灾殃。官吏福，百姓康。风教盛，礼乐张"，反映出石敢当的早期用意。明清以后，用"石敢当"或"泰山石敢当"镇宅、镇巷陌桥道要冲的做法盛行起来。

邓屋村内一些民居的外墙上会嵌入一块"泰山石敢当"，它的出现，一般是因建筑的墙身

图2.3.4　泰山石敢当1（来源：调研团队摄）

图2.3.5　泰山石敢当2（来源：调研团队摄）

处于巷道端头，正对路口。为了化解、削弱这种并不协调的空间关系，村里邓植仪故居、邓盛仪故居、邓鸿仪旧居墙面均嵌入了一块砖雕的"石敢当"，刻有"泰山石敢当之神位"几个字，与迎面而来的纵向巷道或建筑缝隙形成对应关系，其形式简单、功能明确，体现出保境平安，抵冲调和的意义（图2.3.4、图2.3.5）。

石敢当的习俗，是一种顺应环境，与环境和谐相处的做法。在大自然的面前，"石敢当"所发挥的功能是防御性的，而非进攻性、对抗性作用，其中蕴含了勇于担当、敢于承担的"敢当精神"，弘扬"正能量"，[①]从这个角度来看，小小的"泰山石敢当"，在今天仍然展示出具有时代性和现实性的文化价值。

2.3.5　土地社公

邓屋村东门塘附近有一小型石碑，为本村村民祭拜土地社公的仪式点（图2.3.6）。在岭南地区传统村落的村口处，一般会设有类似的仪式点，与村口的榕树一同出现，有时还会搭建出一处微小的"庙"。土地社公，又称福德土地神、社神等，是中国传统民间信仰习俗的崇拜对象之一，与中国古代社会所祭"天、地、社、稷"中的社、稷相关，

图2.3.6　土地社公（来源：调研团队摄）

---

① 叶涛. 关于泰山石敢当研究的几个问题［J］. 民俗研究，2017（11）.

反映出农耕社会劳动人民祛邪、避灾、祈祝风调雨顺，以及农事生产顺利丰收的美好愿望，因此每逢播种或收获的时节，或是进行重要活动的时候，农民们都会专程点香祭祀土地社公。

2.4 农业生产景观：梯田埔田，飞地粮仓

2.4.1 黄麻岭的梯田与"天桥"

图2.4.1 黄麻岭荔枝林旧照（来源：桥头镇文化服务中心提供）

黄麻岭远离邓屋旧围，曾经是干旱、贫瘠的丘陵"乞儿地"，当地人以"黄麻岭上挂灯笼，十条坑水九流东"形容这里的生产条件，流露出在人多地少的年代，人们对其开发困难但又弃之可惜的感慨。

20世纪70年代，邓屋人将丘陵山地开垦为梯田，开发种植果树。为了解决灌溉需求，还兴建了高高架起的水渠，将一座座山岗连接起来，通过水站引水，灌溉梯田。水土条件改善后，黄麻岭一带的农业种植获得丰收，当地民谣赞颂道："黄麻岭上好风光，菠萝荔枝满山岗。岭上是银行，岭下是粮仓。"（图2.4.1、图2.4.2）

张辉旺在《那首不能忘记的战歌——记邓屋大队农田基本建设》一文中记录了邓屋人在艰苦条件下引东江水上山，兴修水利，改变农业生产面貌的情景：

"水渠离山面不太高的地方用石头筑起来，离地面高的地方要架天桥。可谓'逢山过山逢水过水'。邓屋人打着旗帜挺进深山采石头，然后用粗麻绳粗竹竿抬到工地。竹竿沉沉地压在肩上，深深地压进肉里，深一脚浅一脚前行。每抬来一块大石头，不知要流下多少汗水。脚下没有路，稍不小心就被绊倒。衣服划破，身上流血是常事。"①

邓屋人把高空水渠称为"天桥"（图2.4.3），如今黄麻岭旁仍然保留了一段"天桥"遗址（图2.4.4），它是当年邓屋村民协力兴修水利，改善农耕排灌的见证。天桥用砖石砌筑，形成拱券结构支撑水渠，水渠窄而长，高处达3~4米，如横空出世，穿行于丘陵缓坡之间。桥墩和弧形拱券重复出现，富有节奏韵律的形态美感。

---

① 莫树材. 邓屋的故事 [M]. 东莞：东印印刷有限公司，2006：8-9.

随着地区经济发展及城乡建设推进，黄麻岭一带现已开通宽阔的公路，建成了环境优美的现代住宅小区（图2.4.5、图2.4.6）。邓屋人不忘旧事艰辛，在这里保留了树形高大、历经岁月沧桑的白榄树（图2.4.7），保留了见证邓屋农耕历史的"天桥"，保留了部分起伏变化的地形和植物绿化……这些片段式的历史风物，记录着黄麻岭昔日的风光情景。

图2.4.2　黄麻岭旧照（来源：桥头镇文化服务中心提供）

图2.4.3　黄麻岭"天桥"旧照（来源：桥头镇文化服务中心提供）

图2.4.4　黄麻岭"天桥"现状（来源：调研团队摄）

图2.4.5　黄麻岭的现代住宅楼（来源：桥头镇文化服务中心提供）

图2.4.6　黄麻岭的现代住宅楼（来源：调研团队摄）

图2.4.7　黄麻岭的白榄树（来源：调研团队摄）

2.4.2 地处"飞地"的"埔田"

　　埔田，用邓屋本地话也称为"草埔"，即大草地的意思，地势凹凸不平，因此易于积水，"三天无雨水车响，一场大雨变汪洋"就是民间描述埔田环境的俗语。历史上邓屋曾经有大小丘陵山头共16处，埔田600亩。邓屋的埔田有两块，都在镜湖，一块叫牛头窝，一块叫开口湖（图2.4.8），由于距离邓屋旧围路途遥远，所以旧时被人称作邓屋的"飞地"（图2.4.9～图2.4.11）。这些埔田的基础条件差，耕作难度大，加之距离远，所以过去少有耕种。曾经有人尝试开垦种植，尽管最初水稻瓜果长势喜人，但往往经历几场大雨，辛辛苦苦的劳作成果便被水浸淹没，还未来得及收获就已成为泡影。

　　但是，随着村落扩张和人口增加，解决温饱问题迫在眉睫，只有把"飞地"也利用起来，才能缓解生活需求。新中国成立后，邓屋村通过开展农田综合治理，进行平田整土和排灌分家两大系统整治工程。村民们付出了艰苦卓绝的努力，靠着吃住在"飞地"，"天作被子地作床"，肩挑手挖，一天天逐步改变了地处"飞地"地带埔田的农耕条件，形成排灌自如的"格子田"和旱涝保收的高产穗产田。"飞地"由此奇迹般地变成了"粮仓"，每到农忙收获时节，

图2.4.8　开口湖（来源：调研团队摄）

图2.4.9　在"飞地"远眺银瓶嘴山脉（来源：调研团队摄）

图2.4.10　"飞地"的香蕉地（来源：调研团队摄）

图2.4.11　"飞地"的鱼塘（来源：调研团队摄）

一片丰收景象。

《那首不能忘记的战歌》一文还记录了邓屋人改造"飞地"埔田的情景：

"到'飞地'的路，是最难走的路。'飞地'在潼湖，潼湖的土黏性大，张力强，'晴天一身土，雨天两脚泥'。下雨天到牛头窝、开口湖，比走'蜀道'还难。空着手赤着脚走还不算苦，推单车、胶轮车就难了。泥土粘着轮胎，顶着沙凸，轮胎动也不能动，拼命推也是枉然，只好走一段路，刮一次泥团，再走一段路。这样多次反复，才能走到'飞地'。那时人们到'飞地'，都要带一根木棒，为的是刮泥"。

"从邓屋村到'飞地'，来回要走4个多小时。如果不了解具体情况，还以为当时的邓屋人走路像逛街——为什么来回要走4个多小时呢？当然，光是走路，要不了那么长时间。可邓屋人是去那里种地，农具要挑到地里，牛要牵到地里。犁田的犁，耙田的耙，一挑就是100多斤。一只手把着扁担，一只手牵着牛，往'飞地'走，到了石马河边，还要排队等小渡船过河。"

"种是这样，收也是这样。去要挑着沉重的打禾桶[1]，回不仅要挑打禾桶，而且要挑谷和禾草。夕阳下的邓屋人，虽然肩上压得生疼，腿压得打颤，而心里不疼，毕竟挑回了收成。没有收成的年轮，邓屋人的心才疼呢。最难种的地，咬着牙关种，盼只盼能有收成啊。"[2]

2.5 城镇化进程中的乡村景观

改革开放后，从事农业的青壮年开始脱离农业劳动，进城务工或经商。邓屋村里也开始建设工业区，人们筹集资金，开展水、电、路、厂房等基础设施建设，营造良好投资环境，随着企业进驻邓屋，村民的收入水平提升，生活条件得到改善。以农为主的乡村经济形态发生改变，村落景观面貌也逐渐演化，进入了快速城镇化的发展阶段。

---

[1] 打禾桶：三百多年历史的古老收割工具，由三部分组成。下边那个用木做成的椭圆或者方形叫禾桶，是装谷所用。椭圆的禾桶多数是一人或两人所用，高约1.2米，半径接近0.5米，而方形的禾桶多为四人所用，半径可达1.8米左右。桶正面有个凹口，凹口上放着一块厚横木，横木上斜放着小木梯叫打禾梯，其作用是农民用双手把每扎稻子举过头顶，用力打在禾梯上，连续打、翻、摇几下，稻谷就脱落在禾桶里了。最上边是用竹篾织成的是打谷围，它犹如一面屏障，把想要飞出去的谷子挡回禾桶内。
资料来源于网页：http://bbs.mzsky.cc/thread-1692571-1.html.
[2] 莫树材. 邓屋的故事［M］. 东莞：东印印刷有限公司，2006：14-15.

图2.5.1 邓屋村绿地空间结构现状示意图（来源：
调研团队绘）

进入21世纪以来，伴随着本地产业经济结构的调整，城镇化建设快速推进，公共基础设施更新建设，邓屋村的聚落空间格局也在更新过程中发生变化。工业经济及"三高"农业在很大程度上改变了原有的农业景观形态；居住区也不再局限于过去的旧围、新围，经过开发建设，出现了更大规模的现代生活区；人们还利用山岗打造文化休闲活动空间；使用生态手段改造低洼地使其成为生态湿地（图2.5.1～图2.5.5）。邓屋村显示出在新生产和生活方式下，逐渐城镇化的村落样貌，不少曾经的田园风光，成为村民记忆中美好的印记。村落中散

图2.5.2 邓屋村水体空间结构现状示意图（来源：
调研团队绘）

图2.5.3 邓屋村建筑空间结构现状示意图（来源：
调研团队绘）

图2.5.4 邓屋村道路结构现状示意图（来源：调研
团队绘）

图2.5.5 邓屋村景观空间结构现状示意图（来源：
调研团队绘）

落的丘陵山岗、水塘农田诉说着一代代邓屋
人乐观生活、辛勤劳作的历史故事。

21世纪初，邓屋村提升和整治村容村
貌，兴建现代公共服务空间。邓屋公园及文
化广场建成使用。公园及广场位于邓屋村西
北片区，系邓屋村投资200万元兴建，占地
面积3.3万平方米。这里原名为"尖冈吓"，
有一座郊野山岗，过去种植了一些桉树和荔
枝树。如今，山岗绿树成荫，小径环绕，
岗顶制高点修建了一座古色古香的凉亭，
站立其中，近处的村落景色一览无余（图

图2.5.6　邓屋公园凉亭俯瞰图（来源：调研团队摄）

2.5.6）。山岗下是开阔的文化广场，可以举行大型文化活动，本地村民与外来务工人员也在此
开展集体活动，或是休闲纳凉、锻炼身体。村里请人设计制作了村徽雕塑立于广场，雕塑以
"邓"字为原型，大树为寓意形态，通过简洁流畅的造型，表达美好愿景，希望邓屋未来能够
如参天大树一般，兴旺、昌盛（图2.5.7）。广场一侧还建有一栋村里的文化馆，整理了本村村
史，收集了传统农具，展览陈列其中。

现在邓屋村日渐呈现出繁华的城镇街景（图2.5.8），村里新建的学校、厂房、办公楼，分
布在宽阔的马路两侧。从邓屋旧围到新围，从泥砖、青砖房到自建小楼，乃至整体规划建设的
住宅小区，不同区域、不同类型的居住建筑，表征了居住生活方式的时代变迁（图2.5.9）。与
几十年前相比，邓屋村的土地经过人们勤劳的耕耘，发生了沧海桑田一般的变化。

图2.5.7　邓屋广场树立的"邓"字村徽雕塑（来源：调研团队摄）

图2.5.8 "尖冈吓"现状（来源：调研团队摄）

图2.5.9 邓屋村现状（来源：调研团队摄）

3

筑屋：

传统建筑的建造、类型及装饰

3.1 家庭居住建筑：古巷闻人声，四季平安居

邓屋古村，当地人称为"旧围"，与现代时期修建的新村相区别。旧围古村历经数百年岁月沧桑，村内大量传统建筑保存至今。古村落形态较为完整，空间格局清晰可辨，分布多种功能类型建筑，包括：南北门楼、祠堂（重修）、文庙、炮楼等建筑，以及传统民居建筑200座左右。麻石古巷道纵横分布，古井、绿植、土地社公等点缀其间（图3.1.1、图3.1.2）。

邓屋古村的营建，选址于丘陵，靠近"上高园"。民居建筑并排形成排屋，沿丘陵台地的等高线，呈环带状分布，形成建筑群。原址复建重修的邓氏宗祠位于民居建筑群的东南方向，前为空地广场和水塘"东门塘"。

现存的传统民居建筑保留了晚清、近代时期的形制样式，按照每户家庭建造和使用房屋的平面布局形式，可分为三种类型：即单开间民居建筑、双开间民居建筑以及两进双开间民居建筑。

图3.1.1 村落炮楼建筑（来源：调研团队摄）

图3.1.2 村落民居建筑（来源：调研团队摄）

3.1.1 单开间民居

邓屋村的排屋民居建筑群，以单开间民居为基本单元，横向组合、延续扩展而成。这些单元大多布局简单，通常只有一进，建筑开间约3米，进深为5~7米。历史上邓屋村人多地少、用地紧张，因此建筑密度大、造价低，且组合方式灵活的排屋，成为邓屋村民的首选，这也是邓屋村现存单开间排屋遗存最多的主要原因之一。

根据建造材料的不同，邓屋村排屋有青砖、土坯砖混合建造，红砖、土坯砖混合建造以及纯红砖建造几种。

1．青砖、土坯砖混合建造

青砖与土坯砖组合使用，有多种情况。青砖造价较贵，因此多用于建筑正立面、背立面这些重要的外观位置，户间隔墙则采用土坯砖。考虑到防潮的问题，室内隔墙分为上下两段，底部墙脚、墙裙为防潮性能好的青砖砌筑，上半段为土坯砖，有的墙脚也选择红砂岩或麻石。（图3.1.3、图3.1.4）。基于上述建造原则，二者结合的形式，易于形成连续统一的排屋外观，且经

图3.1.3　民居建筑山墙（来源：调研团队摄）

济实用。正立面墙体常见青砖叠涩的简单装饰（图3.1.5），有的入户大门还装饰有精致的灰塑彩绘门罩，绘制有色彩丰富的彩画。建筑内部土坯砖墙表面以白灰罩面，地面多采用橙红色大阶砖铺砌。民居内后部以木板隔断间隔出卧室，为充分利用空间，还在卧室上空以搭建木阁楼形成二层空间，用于储藏家用物品。

屋顶的屋架由檩条、桷板组成，屋面为阴阳瓦做法，也称蝴蝶瓦做法（图3.1.6、图3.1.7），檐口素陶瓦当无滴水，部分民居屋面尾端会用筒瓦覆盖，并加以抹灰，形成碌灰筒瓦形式。[1][2] 从外观来看，多个相邻的单开间房屋形成统一的建筑立面和连续的屋顶屋面，整体性强、形态统一。在阴凉、通风的纵巷行走，左右两侧是一排排的排屋，高低起伏的山墙，有悬山和硬山两种形制，光影变化、错落有致。青砖、土坯砖混合使用建造而成的排屋，在村内存量较多。这样的房屋、巷道营造了农耕时代的邓屋村人的生活空间。

图3.1.4　青砖、土坯砖混合建造（来源：调研团队摄）

图3.1.5　青砖叠涩（来源：调研团队摄）

---

[1]《中国古建筑瓦石营法》称阴阳瓦，使用板瓦叠砌的屋面做法。铺砌时由下而上，由两侧至中部。先以板瓦凹面向上铺砌瓦沟，再以板瓦凹面向下盖住接缝。

[2] 刘大可．中国古建筑瓦石营法［M］．北京：中国建筑工业出版社，1993．

图3.1.6 屋顶板瓦覆盖1（来源：调研团队摄）

图3.1.7 屋顶板瓦覆盖2（来源：调研团队摄）

2. 红砖、土坯砖混合建造

红砖、土坯砖混合建造的单开间建筑，形制简单，主要分布于背底巷等靠近邓屋旧围北部的地方。红砖的使用逻辑与前文提及的青砖类似，建筑正立面、背立面采用红砖，内部隔墙即内山墙采用土坯砖，个别建筑的背立面墙身也采用了土坯砖（图3.1.8、图3.1.9）。

这一类型建筑多采用青砖、红砖的墙脚、墙裙，有时采用卵石与红砖、青砖混合砌筑，正立面几无装饰，屋顶的屋架由檩条、桷板组成，屋面多采用蝴蝶瓦做法，有部分民居屋面尾端会用碌灰筒瓦形式。

3. 红砖建造

现存单开间建筑中，单独使用红砖建造的房屋数量不少。房屋尺度与其他单开间房屋建筑相似，多为3米左右，墙基有时仍为青砖砌筑，大多不再制作条石门框，房屋整体形制简单，几乎没有装饰（图3.1.10）。屋顶多使用红色板瓦，蝴蝶瓦做法（图3.1.11），部分民居内局部搭建二层的木阁楼。该类民居采用的红砖尺寸为240mm×120mm×60mm，红砖在当地的使用年代较为晚近，20世纪七八十年代以来，人们修缮和改造更新旧屋的时候才会大量投入使用。

图3.1.8 红砖、土坯砖混合建造（来源：调研团队摄）

图3.1.9 土坯砖墙体（来源：调研团队摄）

图3.1.10　红砖建筑（来源：调研团队摄）

图3.1.11　红瓦屋顶（来源：调研团队摄）

3.1.2　双开间民居

　　邓屋古村的传统民居中，以单开间民居作为基本单元，连接形成排屋的形式最为普遍。此外，还有少量双开间的民居建筑单元分布。在珠三角地区乡村，人们根据双开间民居建筑的形态将其俗称为"明字屋"。对于一户家庭住户而言，较之于单开间民居单元，双开间民居的使用面积达到2倍甚至更多，显然宽绰许多了。

　　青砖为主要墙身材质，使用量大。内山墙则采用青砖墙基、土坯砖墙身，青砖尺寸一般为280mm×120mm×70mm、270mm×110mm×55mm。经济条件好的话，还会采用红砂岩条石做墙基、门框。并在正立面墙楣饰以彩画共5段，入口大门上方，安装的木制檐板，布满木雕装饰纹样，两侧山墙的前端以灰塑装饰塌头（图3.1.12、图3.1.13）。

　　双开间屋采用木梁架结构，屋顶为板瓦覆盖，蝴蝶瓦形式，地面常用尺寸为370mm×370mm的浅红色大阶砖铺设，一般采用错缝正铺或对缝斜铺法。从平面布局来看，入口进门即厅堂，其侧面开间部分，前后划分成为两个房间，靠近前檐的部分为厨房，后部为卧室。邓植仪、邓盛仪故居以及邓鸿仪旧居皆为此种布局形式。在邓屋村，该类型民居的建造成本、建造质量及装饰水平均已属于上乘，但存量并不多。

　　以邓植仪、邓盛仪祖屋为例，该建筑由其父亲修建，主体建筑为双开间"明字屋"，两开间约7米宽，进深9.1米，屋脊高近6米。明字屋两侧另建有单开间的房屋、小院等。建筑以青砖砌筑墙身，红砂岩墙基和门框，内部局部设二层木阁楼，地面采用红色大阶砖对缝斜铺设，屋顶屋面蝴蝶瓦做法，檐下有浅浮雕木制封檐板，墙面局部有彩绘，图案绘制精美，山墙顶部有塌头，尽管岁月侵蚀，装饰纹样仍然依稀可辨（图3.1.14、图3.1.15）。

　　邓植仪之弟邓鸿仪自建的房屋与其父建造的"祖屋"形制类似，采用双开间"明字屋"形制，为砖、木、石结构（图3.1.16）。建筑主体面宽6.2米，进深6.5米，墙体为青砖砌筑，墙基、大门门框、窗框皆采用整条的麻石。建筑设二层，前部有晒台，晒台底部为异常坚固结实的石梁结构承托（图3.1.17～图3.1.19），地面为红色大阶砖铺设，屋顶屋面覆以红色板瓦，

图3.1.12　灰塑墀头1
（来源：调研团队摄）

图3.1.13　灰塑墀头2
（来源：调研团队摄）

图3.1.14　邓植仪、邓盛仪等兄弟祖屋修缮现状
（来源：调研团队摄）

图3.1.15　祖屋内部空间（来源：调研
团队摄）

图3.1.16　邓鸿仪旧居1
（来源：调研团队摄）

图3.1.17　邓鸿仪旧居2（来源：调研
团队摄）

图3.1.18　邓鸿仪旧居3（来源：调研团队摄）

图3.1.19　晒台底下石梁
（来源：调研团队摄）

蝴蝶瓦做法，檐下为浅浮雕木制封檐板，墙面施彩绘，灰塑墀头，墙上还有一灰塑鲤鱼沟嘴。在面对巷口的位置，建筑正立面外墙嵌入一个刻有"石敢当"字样的小石碑。

3.1.3 两进双开间民居

两进双开间屋，其在邓屋村的数量最少。现存的两进双开间屋，面阔约6米，进深约12米，局部二层。

两进双开间屋大都为青砖砌筑，青砖尺寸规格约为280mm×120mm×70mm。屋面板瓦覆盖，蝴蝶瓦形式，墙脚和门框多使用红砂岩条石，入口凹斗门上方装饰有木雕封檐板、彩画，两侧山墙的前端为灰塑塱头装饰。正立面墙楣处以灰塑装饰。

图3.1.20　邓屋围面前巷172号（来源：调研团队摄）

从平面布局来看，首进为厅，两个开间合二为一。小天井一侧原为檐廊，现多改为厨房及卫生间；第二进也多将两个开间合二为一形成卧室，修有二层小阁楼。

典型案例为邓屋围面前巷172号。该建筑的修建年代大致为晚清至近代时期，一路两进双开间砖木结构（图3.1.20）。建筑主体面宽6.5米，进深12.6米。屋面为蝴蝶瓦瓦面，碌筒瓦瓦头，杉木制圆檩。墙体为青砖砌筑，硬山形制，墙脚、墙裙、护角、大门门框为红砂岩。左侧廊原有开门，现已封堵。建筑内部局部有二层。建筑外观装饰较为精美，山墙博风为黑地白花卷草纹样灰塑。檐下有浅浮雕封檐板，正立面局部有彩绘、塱头、灰塑等，部分纹样较模糊。

2020~2021年间，桥头镇组织力量对邓屋古村的传统民居建筑进行测绘，并提出保护修缮和更新利用的设想、计划（图3.1.21~图3.1.36），古村民居及古村环境质量有望获得提升。

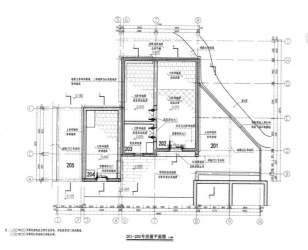

图3.1.21　邓植仪、邓盛仪等兄弟祖屋修缮方案设想图1
（来源：何伟森等绘制，桥头镇文化服务中心提供）

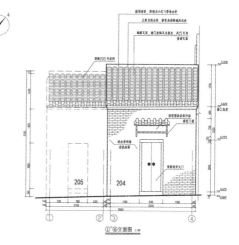

图3.1.22　邓植仪、邓盛仪等兄弟祖屋修缮方案设想图2（来源：何伟森等绘制，桥头镇文化服务中心提供）

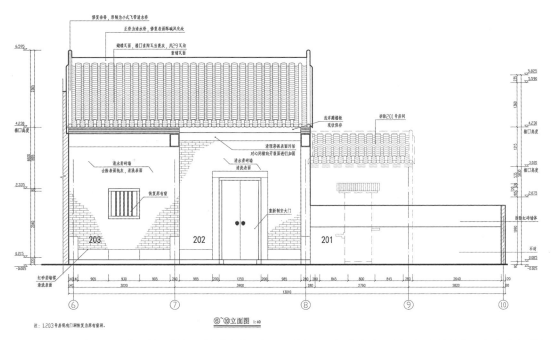

图3.1.23 邓植仪、邓盛仪等兄弟祖屋修缮方案设想图3（来源：何伟森等绘制，桥头镇文化服务中心提供）

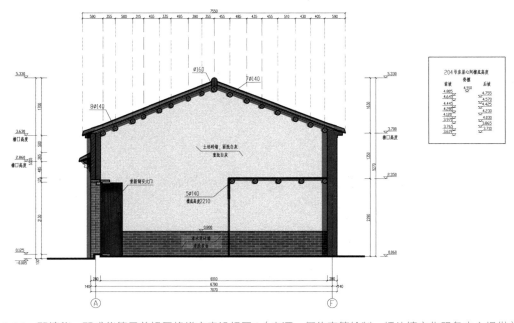

图3.1.24 邓植仪、邓盛仪等兄弟祖屋修缮方案设想图4（来源：何伟森等绘制，桥头镇文化服务中心提供）

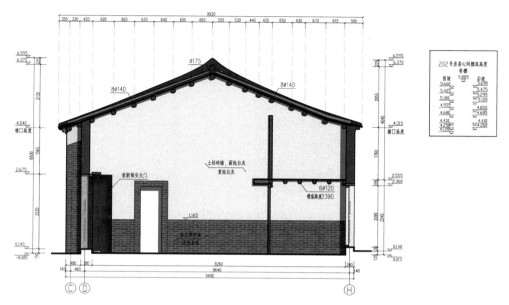

图3.1.25　邓植仪、邓盛仪等兄弟祖屋修缮方案设想图5（来源：何伟森等绘制，桥头镇文化服务中心提供）

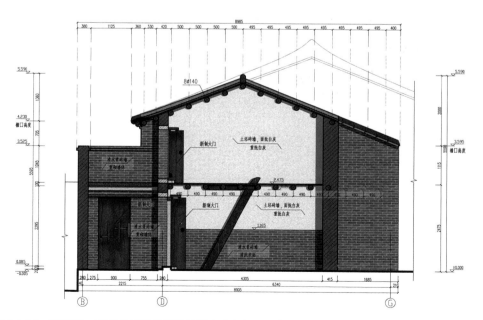

图3.1.26　邓植仪、邓盛仪等兄弟祖屋修缮方案设想图6（来源：何伟森等绘制，桥头镇文化服务中心提供）

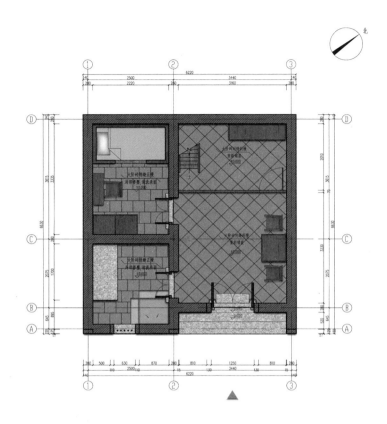

图3.1.27 邓鸿仪旧居修缮方案设想图1（来源：何伟森绘制，桥头镇文化服务中心提供）

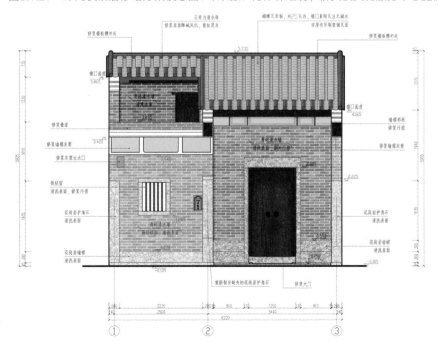

图3.1.28 邓鸿仪旧居修缮方案设想图2（来源：何伟森绘制，桥头镇文化服务中心提供）

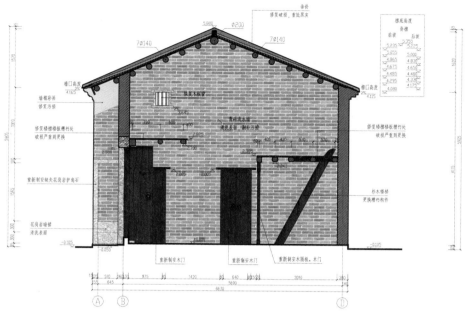

图3.1.29　邓鸿仪旧居修缮方案设想图3（来源：何伟森绘制，桥头镇文化服务中心提供）

图3.1.30　邓鸿仪旧居修缮方案设想图4（来源：何伟森绘制，桥头镇文化服务中心提供）

图3.1.31　邓屋围面前巷172号民居修缮方案设想图1（来源：何伟森绘制，桥头镇文化服务中心提供）

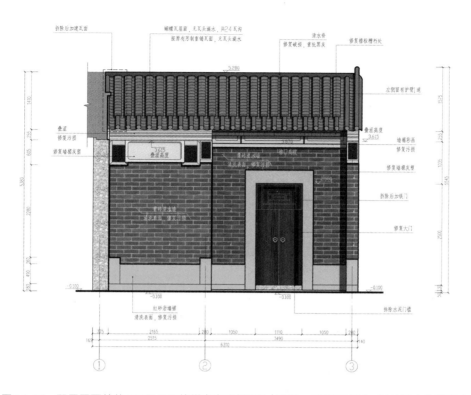

图3.1.32 邓屋围面前巷172号民居修缮方案设想图2（来源：何伟森绘制，桥头镇文化服务中心提供）

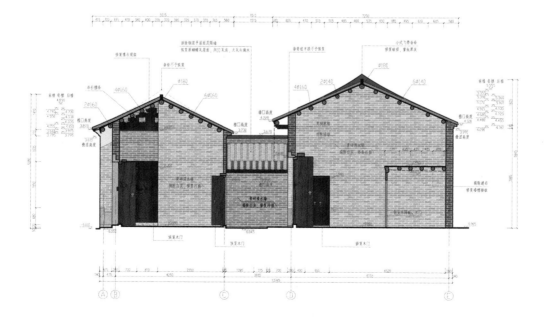

图3.1.33 邓屋围面前巷172号民居修缮方案设想图3（来源：何伟森绘制，桥头镇文化服务中心提供）

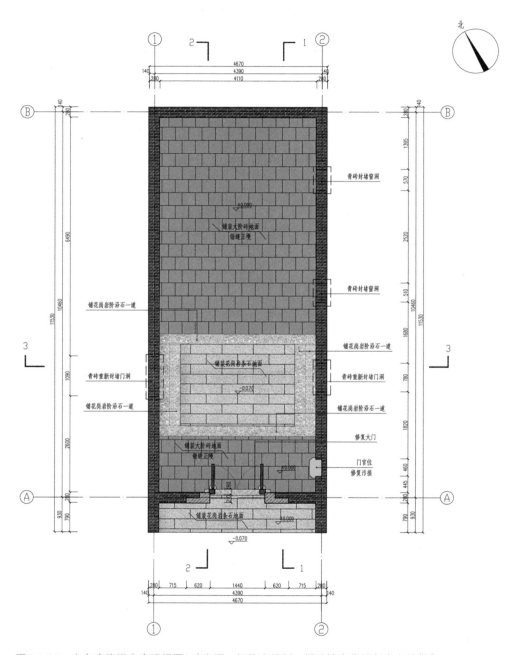

图3.1.34　古文庙修缮方案设想图1（来源：何伟森绘制，桥头镇文化服务中心提供）

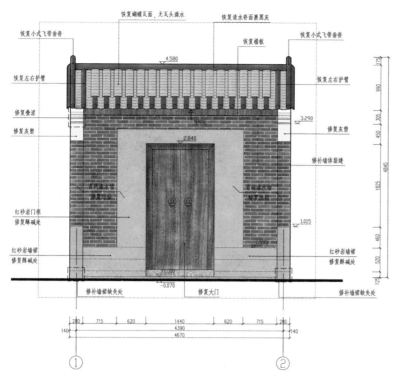

图3.1.35 古文庙修缮方案设想图2（来源：何伟森绘制，桥头镇文化服务中心提供）

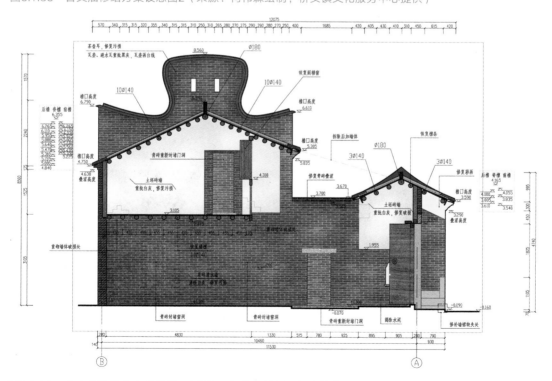

图3.1.36 古文庙修缮方案设想图3（来源：何伟森绘制，桥头镇文化服务中心提供）

3.2 集体居住建筑：女间绣织巧，仔间书声高

20世纪70年代前，桥头镇农村的青少年男女，夜晚会在村里提供的房间里集中休息居住，"仔间""女间"即分别指代其居住休息的房间。大多数村里都有几处这样的房子，一般容纳5～10人，多是左邻右舍、同村同姓的孩子。这种集体居住的形式，类似于男、女生的集体宿舍，客观而言，解决了本村不少家庭人口多、居住空间有限的问题。另一方面，也由于这种夜间集体住宿生活的形式，使得这些青少年形成了互助互帮的成长氛围。

3.2.1 女间

桥头不少村里都会有几处女间，少则容纳几人，多则十几、二十几人，年龄相仿的同村姐妹在一起住宿，她们亲密无间，团结互助，直到出嫁之时才离开女间。邓屋围面前巷65号后面曾是旧时邓屋村的女间所在地，如今已坍塌为遗址废墟。

一般女间都会有一个"间主"，主持管理居住在这个集体宿舍的成员，"间主"大都是村中年长、德高望重的独居妇人。她在这群晚辈面前具有长辈的权威性，不仅安排、管理好大家的日常生活，还承担了一些教育的职责，在集体生活中培养孩子们的良好思想品行，并能够及时和家长做好沟通，及时反馈孩子的情况。而年长的成员，一般也会照顾年幼的孩童，形成传、帮、带的集体氛围。可以说，这里不仅仅是一个集体居住生活的场所，也是普通村民家中女孩能够获得学习机会、生活经验的地方，一定程度上解决了各家父母的后顾之忧。

据《东莞市桥头镇志》中记载，在"间主"的带动下，女间的活动包括学习针线缝纫技巧，除夕守岁、元旦集体进庙祭拜，中秋节集体赏月，以及学唱"东莞杂锦"，如《金丝蝴蝶》《秋江送别》《梁山伯与祝英台》。除此之外，"间主"会教年纪大的女子学唱"上阁歌"，即出阁时哭别家人的歌，以及"老人歌"，即哭悼长辈逝世的歌。每逢女间的女子成人后出嫁，"间主"还会做"送嫁娘"，安排婚嫁事务，传授礼仪习俗、生活常识等。[①]

3.2.2 仔间

与女间类似，仔间里面的同村男少年，夜晚时一起在此寄宿，团结互助、互相学习成长。《东莞市桥头镇志》中记载的仔间的活动内容中，学习是最重要的，孩子们可以在此温习

---

① 中共桥头镇委员会，桥头镇人民政府. 东莞市桥头镇志［M］. 广州：岭南美术出版社，2006：279.

私塾的学习功课，朗读背诵文章。即便没有就读私塾，也可习字读书；而学习珠算是另一项主要的学习内容。通过《简明珠算》，掌握"九九歌"和"问斤求两"口诀。除此以外，孩子们还在这里休闲玩耍：年长的讲故事，年幼的听故事，如《梁天来告御状》《封神榜》《乾隆下江南》等；抑或是到村头榕树下的空地，嬉戏玩耍，听老人"讲古""讲世界"。①

随着社会的进步和发展，居住和教育条件不断改善，女间、仔间的生活场景早已成为今天邓屋人的记忆，青少年的学习活动和休闲娱乐有了更加多样丰富的选择。

3.3 邓氏宗祠：为善最乐事，读书更高声

邓氏宗祠（图3.3.1），一路两进三开间、门堂式祠堂建筑，位于古村东南方前端，该建筑系原址仿古重建。

邓氏宗祠坐北朝南，为砖木石混合结构，墙裙为麻石，墙体由青砖砌筑。其前檐梁枋为麻

图3.3.1　邓氏宗祠（来源：调研团队摄）

---

① 同中共桥头镇委员会，桥头镇人民政府. 东莞市桥头镇志［M］. 广州：岭南美术出版社，2006：279.

图3.3.2　穿式瓜柱梁架（来源：调研团队摄）　　　　　　　　图3.3.3　善宝堂（来源：调研团队摄）

石材质，塑有麻石的"金花狮子"，形成"石虾弓梁石金花狮子"形式。所谓"虾弓梁"，是广东省粤中广府地区对梁身两端向下弯折，中部平直，形如游虾弓背形态石质梁的一种通俗叫法，石雕的"金花狮子"置放于梁中部顶面。

邓氏宗祠头门两侧各有一麻石塾台，大门两侧分立方形门枕石。前堂的屋面正脊为龙船脊，脊身灰塑装饰，端坐一对陶制鳌鱼，龙船脊尾部有博古架承托。墙楣墙绘内容丰富，栩栩如生。前檐的金漆木雕封檐板，精致美观。

前堂与后堂中间的天井两侧各有一檐廊，檐廊前端有木雕封檐板，为花草花纹装饰。檐廊顶部正脊为博古架形式，正中一主图，左右两侧分别为梅雀争艳图和鹦赋红叶图。

后堂的梁架为穿式瓜柱梁架（图3.3.2），屋面正脊为龙船脊，脊身有灰塑装饰，正中主图为松鹤延年图，浅浮雕封檐板雕刻有双龙戏珠、喜上眉梢等花纹。

在村落扩建之前，古村旧围的外部环境是较为开阔的。据村内的老人回忆描述：在天气晴朗、风和日丽之时，站立于祠堂门口，向前望去，山清水秀，和风煦煦，总会有精神爽利之感。前方远眺左有青翠的鸡心岭，暗寓仁爱有福；正前方远处的蝴蝶岭、银瓶嘴，恰似蝶舞飞扬，前程万里；近处东门塘水面开阔，波光粼粼；右侧，来自田溪头村上高望的河溪缓缓而来，生机勃勃。山岭田园之间白云浮动，天地人和，风光毓秀。

邓氏宗祠的后堂还悬挂有一块匾额，上书"善宝堂"三字（图3.3.3），善宝堂的意思是指善良、和谐是宝。传说早在明朝，邓富公子孙便在邓氏宗祠的后堂正中悬挂题有"善宝堂"的木制牌匾。邓屋村曾以善宝堂之名开办"善宝学堂"，组织村中的适龄小孩入读受教，为村里培养后代。1933年7月，在邓屋村民的努力下，开办新式小学的申请获批，[①]善宝小学正式成立，

---

① 民国22年，即1933年7月由东莞县国民政府批文复函："同意邓屋村善宝小学成立，校址就在善宝堂内。"

校址就在善宝堂内。根据当时东莞对学校的管理要求，小学每年招生，并聘请本地、外地的教师在此授课，在校学生保持80人左右，并分设多个年级。在这所小学，很多孩子获得了启蒙教育，长大后外出求学成才，如著名的邮票设计专家邓锡清、北京航空航天大学的邓耀荣等。

　　现在的邓氏宗祠，作为邓屋的"众人厅"，主要的使用功能包括：一是邓屋村内年长者在此进行休闲、聊天、纳凉；二是接待外地邓姓宗亲来访；三是召集村民大会，共商大事；四是村民进行民俗节庆、婚嫁喜事、庆功聚宴等相关的仪式活动。

　　邓氏宗祠内，多处悬挂楹联（图3.3.4～图3.3.7），包括：

祠堂前堂入口楹联：

南阳世系，

高密家声。

祠堂前堂挡中两侧楹联：

大小行事执快心东平云为善最乐，

古今义礼归何处朱子曰读书更高。

前堂两侧山墙楹联：

宝云台枝世泽尽忠行孝无忘高密屡封侯，

善河南之源流尊祖敬宗恒念禹公分翼叶。

图3.3.4　祠堂前堂山墙内侧楹联1（来源：调研团队摄）

图3.3.5　祠堂前堂山墙内侧楹联2（来源：调研团队摄）

图3.3.6 祠堂后堂后檐柱楹联1（来源：调研团队摄） 图3.3.7 祠堂后堂后檐柱楹联2（来源：调研团队摄）

后堂后檐柱楹联：

邓屋村善宝堂重建入伙志庆

祖德恩施汉宝嗣孙千代盛，
宗功庇护南阳后裔万年昌。

东岸村贺 辛卯年正月

3.4 文庙：崇文重教地，文魁双星升

我国古代社会尊崇儒学，"学而优则仕"，科举考试曾是政府选拔人才的重要制度。古代地方官员、乡村士绅常常募资倡建文庙、魁星阁、文塔、学宫等，一来行祭祀之礼，供奉孔子、文昌帝君和魁星等，寄托昌盛地方文运的愿望；二来提供了文教场地，雇请先生教育子弟。

邓屋村素有崇文重教传统，建设了一
处文庙，以此激励后代勤奋好学，学以成
才。文庙建在东门塘东侧、面前湖旁，取名
为"榕树角"。文庙现存主体为两进单开间
布局（图3.4.1），建筑主体面阔约4.7米，
进深近12米（图3.4.2、图3.4.3）。现前堂
已坍塌，仅存入口墙面、红砂岩门框的大门
及局部山墙，墙面局部有彩绘和诗文痕迹。

后堂主体尚存。墙体为土坯砖、青砖
混合砌筑，红砂岩条石墙裙，内墙面批白

图3.4.1　古文庙（来源：调研团队摄）

灰，镬耳山墙形制，山墙高达8.5米。入口处侧墙有门官神位壁龛，两侧山墙在原天井位置开
有门洞。东侧山墙还开设2个窗洞。据此推测现存建筑主体的东侧原本还有一路建筑。后堂残
存的屋面为蝴蝶瓦瓦面，碌筒瓦瓦头，杉木制圆檩条。正脊为博古脊，灰塑花鸟形象，两端为
博古装饰，从两侧山墙封堵的门洞和残留的檩条洞可知，后堂曾设有二层木阁楼。木质封檐板
采用浅浮雕雕刻，饰以花草、书卷图案。

文庙过去有专人负责管理，邓屋人每逢节日、喜庆盛事或孩子读书，都会去祭拜。历史上
的文庙也曾经做过私塾学堂的分教处。如今，文庙因日久失修，破损严重，作为一处古迹建
筑，亟待修缮。

图3.4.2　古文庙镬耳山墙（来源：桥头镇文化服务中心提供）

图3.4.3　古文庙内部（来源：调研
团队摄）

3.5 门楼、炮楼

邓屋建村和发展，系先有邓屋"旧围"，继而建设"新围"。从"围"的称谓，可推测其内向、围合的聚落空间格局特征。通过村民访谈，印证了这一点：旧围村子原有两三米高的围墙，采用泥砖或夯土形式，几处门楼与之连接，形成一个相对独立的"围村""村场"。村内还建有青砖高楼一座，共四层，顶层设有凸出的、可供瞭望防卫的"燕子窝"，当地人称其为"炮楼"。围村的门楼、炮楼、围墙，形成了具有防卫功能的空间系统。

3.5.1 秀水青山北门楼

北门楼通面阔约4.8米，进深约6米，内部有二层木阁楼。门楼墙体为青砖砌筑，有红砂岩墙脚。正面大门门框为红砂岩，大门上方，阁楼开设窗洞，木板封闭。背立面门洞有麻石过梁。原有的木质大门今已不见，不过仍存留有木过梁等木构件。两侧山墙为镬耳形制，红砂岩护角，二层阁楼位置开有圆形窗洞，墙外侧砌有青砖护垛，顶端堆叠内收。山墙博风为常见的黑地白花灰塑。门楼屋面为蝴蝶瓦瓦面形式，碌筒瓦瓦头，杉木制圆檩。正脊为龙船脊形式，脊身的灰塑装饰因岁月侵蚀，图案内容仅依稀可辨，应为广府地区常见的卷草纹样，两侧脊尾有博古脊托，面批红灰。

北门楼内修有木板阁楼，设木楼梯，供奉菩萨神像。一楼山墙内侧壁龛设红砂岩塑造的土地公神位。北门楼外种有龙眼树，过去村里的小孩时常爬上阁楼玩耍，从窗口探身出去摘龙眼来吃，别有一番趣味。

在过去，透过阁楼窗洞向村外北方远眺，连片的水塘、农田、荔枝、龙眼，风景优美，一派田园风光；远处青翠的虾公山高低起伏，背底湖光影变化，确有青山、碧水、绿野之诗情画意。每年春节期间，村民们依照传统，在北门大门两侧张贴手书对联："北方秀水如明镜，门外青山似画屏"，横批"秀水青山"（图3.5.1），十分形象地描绘了历史上的村落景观。

据祖祖辈辈流传下来的说法，邓屋人

图3.5.1　北门楼（来源：调研团队摄）

外出闯荡世界，都要经过这个北门楼。人们将其称为"大吉门""凯旋门"，从这里走过，当兵一定会胜利归来，读书则必会成才，经商谋生也会生意兴隆。因此大家但凡外出做事，都会经过北门楼，举行简短的仪式，以期诸事顺利。现在村镇交通四通八达，旧围村原有的土坯围墙早已拆除，人们的居住屋场也已不断拓展到新的片区，邓屋旧围的一栋栋老房子，作为村民们的祖居、祖屋，更加显示出精神层面"乡愁"的象征意义。而邓屋的北门楼，始终在邓屋村民心目中占有重要地位，因为它作为一个传统的"门户"的标志，一处乡村文化景观的节点，更是人们开拓奋斗的起点，期盼和翘望美好未来的大门，联系外出村民与家人血脉亲情的纽带。

3.5.2 出入亨通南门楼

南门楼面宽近5米，进深约6米。门楼的墙脚为花岗岩麻石材质，墙身青砖砌筑。正面门洞上方题写"坤元门"三字，左右开设一对窗洞，山墙为"人"字形硬山形式，保存完好。门楼屋面为蝴蝶瓦瓦面，碌筒瓦瓦头，正脊为龙船脊，脊身有花草纹样，随着时间的流逝，灰塑的色彩已经脱落。

南门正对面是田溪头（今田新村）上高望的河流水系，迎面而来，汇入面前湖。南门被称为"坤元门"，每年春节都张贴手书的对联："坤方远接沧浪水，元门高摘斗牛星"，横批"出入亨通"（图3.5.2）。

与北门楼一样，邓屋人赋予南门楼重要的功能内涵。每逢村内男子娶妻，新娘坐着花轿入村，便须在南门楼前落轿，步行穿过南门进村。行至邓氏宗祠，燃放礼炮，新娘子才被接进丈夫家中。传说经过这样的迎亲仪式，新媳妇从南门进入村来，新建立的小家庭从此就会过上好日子，所以南门也被人们称为邓屋的"快活门""幸福门"。

图3.5.2　南门楼（来源：调研团队摄）

从整个村落格局来看，南门楼位于古村旧围的西南角。在中国的传统文化中，西南方位与"坤"对应，意味着孕育、成长、劳动、慈悲、包容、积蓄、坚实、温顺、安静、平稳等含义，与母亲、妻女等女性角色相对应。

从邓屋的传统民间习俗来看，一南一北两座门楼遥相呼应，形成相互砥砺之意。家中的经济支柱男性成员外出谋生、奋斗，走出"北门楼"，娶亲迎新则踏入"南门楼"。蕴含其中的，是多少邓屋村民对美好生活的向往和寄托。

3.5.3 预警防御一炮楼

图3.5.3 邓屋炮楼（来源：调研团队摄）

邓屋炮楼通体为青砖砌筑，坐南向北，高三层半，硬山顶，面阔5米，进深3.92米，高约11米，墙面四周开窗，窗洞狭小。顶楼突出建有一个方形"燕子窝"。炮楼具有防御匪患、保卫粮食财产和村民人身安全的功能，具有一定的历史文化价值（图3.5.3）。

尽管修建年代不详，但该"炮楼"形制符合广府地区其他村落近代时期常见的碉楼形制特征，占地面积不大，但居高临下，能够远眺防卫，甚至打枪射击。建筑开设门窗，但一般尺寸狭窄，且建筑墙身光滑，不施装饰，突出地显示防御功能。碉楼的营造，有其历史传统，也反映出近代时期当地社会时有动荡。

3.6 建筑装饰

3.6.1 彩绘

在中国传统建筑中，彩绘主要出现于梁枋、门扇、雀替、斗栱、墙壁、天花等一系列建筑木构件的表面。梁枋部位施以彩绘，因此有成语"雕梁画栋"之说。中国传统建筑彩绘的运用最早可以追溯到春秋时期，至隋唐时期开始大范围使用，到了清朝臻于鼎盛。

建筑彩绘，不仅具有显著的装饰作用，还具有很好的防潮、防虫等实用功能，令木质建筑构件的使用寿命得到延长。在岭南传统建筑中，彩绘多用于梁架、墙面以及门扇等处。广府地区传统建筑的彩绘色彩艳丽，内容题材丰富，图案纹样精致，是建筑装饰艺术中富有表现力和塑造力的重要类型。

1. 墙面彩绘

村内一些传统民居墙楣位置保留有彩绘图案，配色协调，笔触细腻，题材内容多为山水风景、民间故事、二十四孝等（图3.6.1～图3.6.3）。

邓植仪、邓盛仪等兄弟祖屋入口上方的墙楣彩绘，分段绘图共有七幅，为本村邓时立绘制。其中，正门上方，正中主图为"三星高照"（图3.6.4），画面内容为福禄寿三星畅谈的情景，另有童子相伴左右。主图左右四幅辅图，其中两幅题诗，两幅描绘了山水风光，左右两侧山墙部位为花鸟图（图3.6.5、图3.6.6），各幅图之间以蓝色、红色花纹装饰分隔分段。

邓鸿仪旧居正门青砖墙体的墙绘色调典雅，笔触刚柔并济。入口正立面墙楣彩绘共七幅，其中，正中主图为"一品高官富贵寿图"（图3.6.7），画面中部用较为粗犷的笔法绘制了寿石、秋菊、牡丹花及喜鹊，旁侧的竹叶则使用细腻的线条勾勒，画面一角伸出一枝独自绽放的梅

图3.6.1　邓屋面前巷5号民居墙绘1（来源：调研团队摄）

图3.6.2　邓屋面前巷5号民居墙绘2（来源：调研团队摄）

图3.6.3　邓屋面前巷5号民居墙绘3（来源：调研团队摄）

图3.6.4 "三星高照"墙绘（来源：调研团队摄）

图3.6.5 墙绘1（来源：调研团队摄）

图3.6.6 墙绘2（来源：调研团队摄）

花。画面色彩并非十分艳丽夺目，题诗曰："一品高官富贵寿"图，点明图画形象的美好寓意内涵，寄托了屋主人美好的生活愿望。主图两侧各有三幅辅图，靠近主图的辅图分别为"独占春魁"图和"百子千孙图"（图3.6.8、图3.6.9）。独占春魁，以花鸟、圆月形成充满意境的春夜景致；百子千孙，系以石榴象征取义，寓意多子多福。外侧的题诗，共有四幅，字体有行楷、草书，各有不同，惜已斑驳模糊，依稀可辨"白马紫金鞍……"等字样。两侧的山墙顶部内侧均有墙绘，与正立面墙楣彩绘连贯成为一体，但因受雨水侵蚀，局部底灰已经脱落、破裂，从现存保留的部分，仍可以看到图中描绘了绿水青山、小桥流水以及人物形象，形成山水风光图主题（图3.6.10、图3.6.11）。

图3.6.7 "一品高官富贵寿"图墙绘（来源：调研团队摄）

图3.6.8 "独占春魁"图及诗画（来源：调研团队摄）

图3.6.9 "百子千孙"图及题诗（来源：调研团队摄）

图3.6.10 山水风光图1（来源：调研团队摄）

2. 门神彩绘

门神彩绘常见于寺、庙、祠堂乃至普通民居的大门，因建筑功能各有不同，所以绘制的门神像也有差别。门神形象的传说很多，人们较为熟悉的有神荼、郁垒；秦琼、尉迟恭等。按门神的绘制方法则可分为：手绘门神、版画门神，以及彩色门神、单色门神等。在民间人们对于门神秦琼和尉迟恭的形象有一些模式化的理解，如秦琼为红脸，

图3.6.11 山水风光图2（来源：调研团队摄）

尉迟恭为黑脸；从手中的兵器来看，秦琼用锏，尉迟恭则持鞭，因而称为"鞭锏门神"。

邓屋村邓氏宗祠两扇大门所绘制的门神与广州著名的陈家祠门神相仿（图3.6.12、图3.6.13），显示出秦琼、尉迟恭"红脸""黑脸"的形象特点，但从其手持兵器来看，一个手执金瓜，即长柄锤，锤头如瓜形，一个手执钺斧，又与常规模式不同，因此也有人认为这是塑造了神荼、郁垒的门神形象。

　　事实上，民间文化受社会性、地域性和时代性因素影响，会衍生出各种各样的表现形式。门神画像因文化传播、民间审美习惯等因素影响，出现跨越时空、互为影响、杂糅一体的做法，也就不足为奇了。

3. 门罩彩绘

　　传统民居的入口大门，一般包括门扇、门罩、门框等构件。有学者将门罩根据形制不同分为门楣式门罩、垂花门式门罩、牌楼式门罩等几种类型。邓屋单开间的民居，少数采用了红砂岩条石门框，大部分并未单独使用条石制作门框，而是直接由青砖墙垣转角形成。大门上方的位置，多塑有门罩，并以彩绘装饰，是入口处最为突出醒目的主要装饰。门罩尺度不大，规格较小，宽度约1米，与入口门洞尺度相匹配。处于2.5～3米的高度，是一个人们需要略微仰视的位置。门罩与门洞的形态、尺度相互呼应，相得益彰。整体造型较为简洁、朴素大方。

　　门罩和门洞之间留有空白，用于书写字匾、彩绘装饰。门罩为单坡形式，覆盖板瓦，顶下斜面略带弧形，施以彩绘装饰，形成装饰面，与人的观赏视线相对应。底部以装饰线脚收边（图3.6.14、图3.6.15）。

　　门罩彩绘的构图常见一主两辅三段式或整体一图的单图构图形式。在尺度有限的画面范围内，绘画线条或细致，或粗犷；色彩或清新淡雅，或明亮鲜艳，各有情趣。从墙面突出的门罩在横巷形成了连续出现、形式统一、富有节奏，同时又各具个性特色内容的建筑立面形态。为本来单一的空间形态呈现出一抹亮色。

图3.6.12　秦叔宝门神彩绘（来源：调研团队摄）　　　　图3.6.13　尉迟敬德门神彩绘（来源：调研团队摄）

图3.6.14　门罩1（来源：调研团队摄）

图3.6.15　门罩2（来源：调研团队摄）

在邓屋村的门罩装饰中，单图式构图的数量较少，其中保留比较完整的案例有邓屋围面前巷271号民居以及邓屋东一队1号民居（图3.6.16、图3.6.17）。前者的门罩正中主图采用淡黄、草绿、青灰等色彩描绘了寿石、兰草以及牡丹。后者的门罩虽有局部破损，但画面内容仍可辨析：书册居中，题写有"福禄寿"三字，两侧为瓜果题材图案。

一主两辅三段式构图的门罩彩绘案例较多，邓屋花元队18号民居、邓屋围面前巷262号、269号、273号民居均保存较好。

图3.6.16 邓屋围面前巷271号民居门罩（来源：调研团队摄）

图3.6.17 邓屋东一队1号民居门罩（来源：调研团队摄）

邓屋花元队18号民居门罩正中的主图绘制了山水风光，画面近处留白，寥寥几笔描绘刻画了一片草地，山林形象用色较为浓重，两侧点缀民居，形成郊野人居的环境。两侧辅图为花鸟图，存有花草纹样的痕迹（图3.6.18）。

邓屋围面前巷262号民居门罩主图绘制了寿石、荷花以及梅花，一辅图为一株松树，题字"远看山有色，近听水无声"。另一辅图绘制了一幅梅花图（图3.6.19）。门罩底部的装饰线脚为几何花纹。

图3.6.18　邓屋花元队18号民居门罩（来源：调研团队摄）

图3.6.19　邓屋围面前巷262号民居门罩（来源：调研团队摄）

邓屋围面前巷269号民居门罩正中主图以蓝色为主要用色基调，绘制了一幅静谧的山水自然风光。一侧辅图绘制菊花寿石图，寓意长寿；另一侧辅图绘制了"喜上眉梢"主题的梅花、喜鹊（图3.6.20）。

邓屋围面前巷273号民居门罩正中主图描绘了姜太公钓鱼的典故，笔触细腻，用色淡雅。姜子牙静坐河岸边垂钓，一旁有神兽四不像陪伴，垂柳飘拂，燕雀飞舞。两侧的辅图用精细的笔墨绘制了"富贵平安"，在花瓶中插着牡丹花。画面中还有蝴蝶、石榴、佛手瓜等（图3.6.21）。

图3.6.20 邓屋围面前巷269号民居门罩（来源：调研团队摄）

图3.6.21 邓屋围面前巷273号民居门罩（来源：调研团队摄）

3.6.2 木雕

岭南广东的广府木雕和潮汕木雕形成了自己的地域技术特色和人文艺术特征。与浙江东阳木雕、温州黄杨木雕、福建龙眼木雕齐名。木雕装饰技艺在广府传统建筑装修中占据重要位置，建筑中的木构件如封檐板、梁架、联匾、门扇等，大抵有木雕装饰。在邓屋的民居建筑中，木雕装饰的封檐板较为普遍，也十分出彩。

1. 封檐板

封檐板又称檐口板、遮檐板，指在檐口处安装的木板，板的常规厚度大约是25～40毫米，常见高度在200～400毫米的范围，选用樟木、杉木等。与祠堂相比，民居建筑的做法会简洁一些，板材厚约25毫米，高约200毫米。[①]它钉装在椽的端部，避免其因裸露在户外遭受日晒雨淋而腐朽损坏，从而保证承接屋面重量的木构件檩条的耐久性。因此封檐板也是易于受损的木构件（图3.6.22）。

封檐板既肩负遮雨防潮功能，又实现装饰功能，因其位于建筑正面，屋檐下部前端，入户大门上方，位置突出，且适宜近观，所以成为工匠认真雕琢的部分。檐板雕刻内容涉及吉祥文字、花卉果木、祥禽瑞兽、人物传说、纹样图案等题材（图3.6.23）。表面一般以浅浮雕形式进行装饰，常以某一题材纹样为主题，进行统一的形式构成处理，形成连续性的图案节奏。花纹分为几段构图，板底部收边雕刻成花边，花边有时会采用透雕形式，采用重复的几何纹、博古或卷草纹。

封檐板由于安装于屋檐之下，光线受到遮蔽，远观可能并不突出。因此新制的封檐板表面浮雕会上漆，彩色抑或金色，装饰纹样就变得十分抢眼。时间久了之后，日晒雨淋，颜色褪去，便呈现出木本色来。

（1）邓屋村面前巷5号民居

邓屋村面前巷5号民居的封檐板以浅浮雕为主，布满装饰花纹。正中主图为书卷，文字已

图3.6.22 封檐板（来源：调研团队摄）

图3.6.23 封檐板装饰（来源：调研团队摄）

---

① 赖瑛. 珠江三角洲广府民系祠堂建筑研究［D］. 广东：华南理工大学，2010.

十分模糊。主图左右两侧的辅图为牡丹花、梅花、博古架、喜鹊等纹样，活灵活现的喜鹊伫立在梅花枝头，构成一幅生动的"喜上眉梢"图。封檐板的左右两端以卷草纹结束，底部的收边雕刻有三角形单元重复组合的波浪式几何纹样（图3.6.24）。

（2）邓屋村一队15号民居

邓屋村一队15号民居的封檐板工艺精美，形态保存完整，形成了浅浮雕和透雕结合的装饰图案。封檐板主体画面包含了多个内容，正中主图以浅浮雕形式雕刻了一大一小两只狮子嬉戏的生动画面，"狮"通"师"，即"太师少师"图，寄托了屋主望子成龙，希望后辈"学而优则仕"的愿望。一侧的辅图为喜鹊立于梅花枝头的"喜上梅（眉）梢"，以及金钱纹、瑞兽麒麟、牡丹花、"暗八仙"器物之一的芭蕉扇。另一侧辅图也塑造了"喜上梅（眉）梢"、牡丹花，以及"暗八仙"器物之一的阴阳玉板。整个封檐板左右两端以博古纹收尾，底部采用透雕形式的卷草纹花边，形成虚实结合、工艺精致、造型美观的整体装饰效果（图3.6.25）。

（3）邓植仪、邓盛仪等兄弟祖屋

邓植仪、邓盛仪等兄弟祖屋建筑正面的前檐封檐板通体采用浅浮雕的木雕（图3.6.26），左右两端以博古纹收尾，底部为形态简洁的几何纹装饰花边。正中主图为打开的书卷，雕刻

图3.6.24　邓屋村面前巷5号民居的封檐板（来源：调研团队摄）

图3.6.25　邓屋村一队15号民居的封檐板（来源：调研团队摄）

"福禄寿"三字，左右两侧的辅图刻有连绵的梅花、环绕的喜鹊，以及铜钱纹等。两端为博古纹，刻画有瓜果、蝙蝠、麒麟纹样，表达福气吉祥、富贵平安的美好寓意。

（4）邓鸿仪旧居

邓鸿仪旧居前檐封檐板（图3.6.27、图3.6.28），同样采用了浅浮雕和透雕相结合的木雕形式，封檐板左右两端以博古纹收尾，底部采用透雕形式卷草纹的花边装饰。封檐板正中主图雕刻展开的书卷，上面雕刻"富贵吉祥"四字，表达对美好生活的追求向往。两侧辅图刻有牡

图3.6.26 邓植仪、邓盛仪等兄弟祖屋前檐封檐板（来源：调研团队摄）

图3.6.27 邓鸿仪旧居前檐封檐板1（来源：调研团队摄）

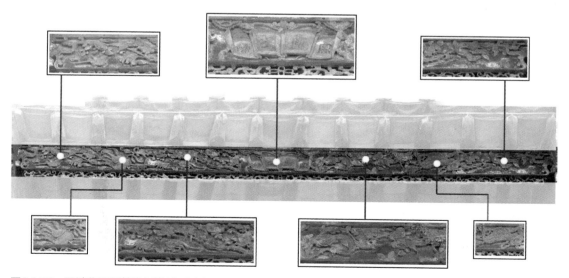

图3.6.28 邓鸿仪旧居前檐封檐板2（来源：调研团队摄）

图3.6.29　东一队19号前檐封檐板（来源：调研团队摄）

图3.6.30　"太师少师"图1（来源：调研团队摄）

丹花、"喜上梅（眉）梢"的梅花、喜鹊，还刻有"暗八仙"器物葫芦、扇子，寄托美好寓意。

（5）东一队19号民居

该民居前檐封檐板采用浅浮雕和透雕相结合的木雕形式（图3.6.29）。浅浮雕方式分多段刻画了丰富的内容，左右两端以卷草纹收尾。底部为透雕形式的卷草纹和博古纹花边。封檐板正中主图雕刻了一大两小三只狮子，形成"太师少师"（图3.6.30）。两侧辅图雕刻的内容有：博古架上放置花瓶，插着牡丹、梅花、兰花，摆放佛手瓜、牡丹等，梅花枝头还伫立两只喜鹊，表达富贵、平安之意。

（6）邓屋围面前巷172号

邓屋围面前巷172号的前檐封檐板（图3.6.31），采用浅浮雕和透雕相结合的木雕形式。浅浮雕方式分多段刻画了丰富的内容，左右两端以卷草纹收尾。底部是透雕的卷草纹和博古纹装饰花边。正中主图塑造三只狮子在林中嬉戏，这幅"太师少师"图，与前一案例构图相似，但狮子形象却又各有不同的情态（图3.6.32）。两侧辅图主要为梅花、喜鹊、花篮的形象。另

图3.6.31　邓屋围面前巷172号前檐封檐板（来源：调研团队摄）

有精致的书册、生动的麒麟形象，构成"喜上梅（眉）梢""麒麟吐玉书"主题。

（7）邓氏宗祠

邓氏宗祠为一路两进三开间建筑形制。前堂前檐的封檐板为金漆木雕，题材内容丰富（图3.6.33）。正中主图为"郭子仪祝寿"图，通过三段画面，描绘祝寿场景，塑造出为国立功、受民爱戴的人物形象，以及教化传承、子孝父荣的和睦家族形象，表达对子孙建功立业的期望。主图两侧各有三幅辅

图3.6.32 "太师少师"图2（来源：调研团队摄）

图，一侧刻画了梅花、牡丹、寿石、松树、仙鹤、喜鹊，组成"喜上眉梢""松鹤延年"等主题画面；另一侧通过刻画荷花、莲蓬、牡丹、梅花、喜鹊、鸳鸯、仙鹤、水纹等纹样，描绘了"鸳鸯戏水""喜上梅（眉）梢""多子多福"等主题画面。

邓氏宗祠前堂后檐封檐板正中主图采用金漆木雕的形式，雕刻了在牡丹花丛中舞动的一对凤凰，以双凤呈祥表达富贵吉祥的寓意。左右两侧辅图刻画了牡丹、梅花、喜鹊、瓜果等纹样（图3.6.34）。

前、后堂之间天井两侧的连廊的封檐板装饰内容基本一致，均为描金的卷草纹样，底部为描金的几何纹样花边（图3.6.35、图3.6.36）。

后堂前檐封檐板正中主图雕刻了在云海中翻腾逐珠的金龙形象，形成"双龙戏珠"主题，左右两侧辅图雕刻了牡丹、梅花、兰花、寿石、喜鹊、蝴蝶等纹样（图3.6.37）。

2. 挡中屏门

挡中屏门是在中国传统建筑中遮挡内外院或跨院的门，一般位于大门后檐柱，起到屏风遮挡作用。在岭南祠堂建筑中常见于两进及两进以上祠堂建筑的前堂。

图3.6.33 祠堂前堂前檐封檐板（来源：调研团队摄）

图3.6.34　祠堂前堂后檐封檐板（来源：调研团队摄）

图3.6.35　祠堂连廊封檐板1（来源：调研团队摄）

图3.6.36　祠堂连廊封檐板2（来源：调研团队摄）

图3.6.37　祠堂后堂前檐封檐板（来源：调研团队摄）

图3.6.38　邓氏宗祠挡中屏门（来源：调研团队摄）

图3.6.39　祠堂左侧前檐梁架驼峰（驼墩）（来源：调研团队摄）

　　邓氏宗祠前堂设有挡中屏门。屏门两侧一对檐柱悬挂楹联："大小行事执快心东平云为善最乐，古今义礼归何处朱子曰读书更高"。正中木制屏门以浅浮雕装饰，顶部门头为"松鹤延年"图，门扇分段构图，有"暗八仙"器物、牡丹、梅花、喜鹊、鸳鸯、花瓶、博古架、书房器物等纹样，形成富贵平安、喜上眉梢等寓意的画面（图3.6.38）。

3. 驼墩

　　驼墩，作为梁架中的支承构件。尽管其体量不大，表面面积有限，但因其作为受力构件而用料敦实，因此表面多做深雕处理，成为梁架构件中的重点装饰部位。装饰题材内容包括人物故事、瑞兽、卷草纹、涡卷纹、藤蔓，以及博古纹、如意纹等。[1]

　　邓氏宗祠前檐梁架中的驼墩采用深浮雕的形式装饰。其中一侧刻画了八仙中的几位仙人游访人间的场景（图3.6.39）；另一侧刻画了福禄寿三仙的形象，构成三星高照的

图3.6.40　祠堂右侧前檐梁架驼峰（驼墩）（来源：调研团队摄）

画面，表达人们对美好生活的向往。此外，还有驼墩采用了涡卷纹的装饰纹样（图3.6.40）。这些梁架木雕与彩绘结合，表面饰以了红、绿、金色，令造型形象突出，更具视觉冲击力。

---

[1]　赖瑛. 珠江三角洲广府民系祠堂建筑研究［D］. 广州：华南理工大学，2010.

3.6.3 石雕

岭南传统村落建筑保留的石雕构件，大多为明清时期制作。这与明清时期地方经济发展，聚落建设扩张，大量使用石头营造建筑有关，石雕装饰技艺也因此得到了较大的发展。传统建筑中的门枕石、柱础、梁架、垫台、墙裙、栏杆等部位为常见的石雕装饰部位。

在邓屋村现存的传统建筑中，红砂岩和米黄色的麻石是最为常用的石材，多出现在墙裙、墙脚以及门框部位，并使用了较为简洁的雕刻技法。

1. 门框

红砂岩质地并不像麻石坚硬，因此在使用红砂岩条石作为门框的时候，一般会采用装饰线脚的形式，对条石的转角边缘进行修饰，一方面避免棱角过于锋利，另一方面可以避免石材破损崩裂（图3.6.41）。

其中一户民居的红砂岩门框，采用浅浮雕纹样进行了美化装饰。门框的顶部为一三角形构图的装饰图案，辨别为一只倒挂的蝙蝠，蝙蝠上方还有一枚铜钱，其中"蝠"同"福"，寓为"福到眼前"。门框条石在转角的位置进行了倒角打磨，并雕刻出装饰线，盘长、卷草纹样连接这幅门头正中的主图（图3.6.42~图3.6.44），连接两条装饰线向左右两侧门框延伸。门框腰部三枚金钱，连接上下两段装饰线，下段装饰线垂有流苏，衔接底部蝙蝠。硬朗的石材，却雕刻出了具有柔美动感线条的形象（图3.6.45）。

图3.6.41　几何线脚修饰门框（来源：调研团队摄）

图3.6.42　盘长纹样（来源：调研团队摄）

图3.6.43　金钱纹样
（来源：调研团队摄）

图3.6.44　花草纹样
（来源：调研团队摄）

图3.6.45　"福到眼前"纹样（来源：调研团队摄）

2. 金花狮子

在邓氏宗祠的前檐梁枋上，石虾弓梁正中端坐着"金花狮子"，系木直梁及其驼峰斗栱演化而来。金花狮子是广府祠堂建筑中常见的石雕构件，也是祠堂正面的重要装饰部位之一（图3.6.46）。

图3.6.46 金花狮子（来源：调研团队摄）

3.6.4 灰塑

灰塑是以纸筋或贝灰等为主要塑造材料，辅以竹钉、铁钉、铜丝、瓦片等为骨架，使用灰匙等工具进行塑造并加上色彩进行描绘而成的一种建筑装饰类别。[1]在岭南传统建筑中，它是最为常见的建筑装饰之一，同时它也是岭南地区特有的室外装饰艺术，常见于屋脊、墀头、墙楣、门罩、窗楣等建筑装饰部位。灰塑装饰内容多为山水风光、花草植物、动物等。

1. 屋脊

邓氏宗祠前堂正脊为龙船脊，脊身正面灰塑塑造了多幅精美作品，正中主图为鲤跃龙门的形象（图3.6.47）。鲤鱼的跃动形象栩栩如生，其中一条跨越龙门化为金龙，生动画面寄托了

图3.6.47 祠堂前堂正脊（来源：调研团队摄）

① 周海星. 岭南广府地区灰塑装饰艺术研究 [D]. 广州：华南理工大学，2004.

图3.6.48　祠堂前堂垂脊（来源：调研团队摄）

对后代的期待和祝福。鲤跃龙门，过去用来比喻在古代科举考试中金榜题名，成功考取了功名。在今天来看，人们也将之理解鼓励后辈面对理想拼搏奋进、敢想敢干。两侧两幅辅图左右呼应，塑造了"暗八仙"器物，其中一个为宝剑，另一个为葫芦。龙船脊尾部还塑造了卷草纹样，有博古纹承托。垂脊尾端为博古纹灰塑，下部搏风尾部为黑底白花卷草纹（图3.6.48）。

正脊背面正中主图为"榴开百子"图，灰塑造型的石榴树立体生动，花开朵朵，硕果累累，还有喜鹊立于枝头。主图两侧的辅图为"暗八仙"器物团扇和阴阳板，脊尾为灰塑的卷草纹样（图3.6.49）。

邓氏宗祠前堂与后堂之间天井两侧连廊的屋顶正脊均有灰塑装饰。其中一侧，正脊中部的主图塑造了"梅雀争艳"图，图中有寿石、梅花树、兰草以及喜鹊形象，梅花细腻精致，喜鹊立体生动。主图两侧使用了红、青、黄三色的博古纹样装饰。另一侧连廊的正脊中部主图为"鹦赋红叶"图，以灰塑塑造了寿石、枫树、鹦鹉等形象，两端为博古纹装饰（图3.6.50、图3.6.51）。

邓氏宗祠后堂正脊为龙船脊，脊身正中主图为"松鹤延年"图，灰塑装饰工艺塑造了一株苍翠的松树，四只仙鹤立于一侧，其中一只仙鹤翩翩起舞，画面形象，色彩丰富，细节到位，寓意长寿。左右两侧辅图为"暗八仙"器物，一为横笛，一为渔鼓（图3.6.52）。

2. 墀头灰塑

墀头，指硬山形制山墙檐柱之外的部分，从结构上来说具有支撑出檐的作用，同时也是民居建筑正立面的重点装饰部位。广府地区民居多采用砖雕或灰塑装饰工艺，依据构图可划分为一段式、两段式甚至三段式。

图3.6.49　祠堂前堂正脊背面（来源：调研团队摄）

图3.6.50　祠堂连廊正脊1（来源：调研团队摄）

图3.6.51 祠堂连廊正脊2（来源：调研团队摄）

图3.6.52 祠堂后堂正脊（来源：调研团队摄）

图3.6.53 民居墀头灰塑（来源：调研团队摄）

图3.6.54 民居墀头彩绘（来源：调研团队摄）

　　邓屋村传统民居墀头多为一段式，采用灰塑或彩绘装饰，题材内容一般为花草（图3.6.53、图3.6.54）。如邓鸿仪旧居正门左右两侧山墙墀头的灰塑装饰，现已颜色脱落，纹样也较为模糊。依稀可辨为牡丹和梅花图案，系常见传统装饰题材（图3.6.55、图3.6.56）。

3. 门罩灰塑

　　门罩，也是广府地区传统建筑中经常使用灰塑装饰的部位。邓屋村内大部分的门罩采用彩

图3.6.55 墀头1（来源：调研团队摄）

图3.6.56 墀头2（来源：调研团队摄）

图3.6.57 邓屋东一队1号右侧民居门罩（来源：调研团队摄）

绘形式装饰，但也有少部分使用灰塑与彩绘相结合，塑造了具有较强立体感的画面。

如邓屋东一队1号的民居门罩采用三段式构图装饰，正中主图为灰塑塑造的书卷形象，白底、黄边，书写"如意吉祥"四字。左右两侧辅图皆为花果，色彩仍然鲜亮，其中的石榴形象，寓意多子多福（图3.6.57）。

4. 墙楣灰塑

邓屋村内两开间的明字屋，在正立面墙身上部，与檐口衔接的部分，常以灰塑或彩绘进行

图3.6.58　灰塑墙楣（来源：调研团队摄）

图3.6.59　灰塑鲤鱼嘴（来源：调研团队摄）

图3.6.60　灰塑墙楣1（来源：调研团队摄）

图3.6.61　灰塑墙楣2（来源：调研团队摄）

装饰，即墙楣装饰。墙楣是建筑立面形象的重点装饰部位，从观看视线的角度来说，由于屋前横巷尺度并不十分宽阔，所以人们需要略抬头仰视。

邓鸿仪旧居墙楣部位存有灰塑痕迹（图3.6.58），年久破损严重，山水风光图的画面依稀可辨。墙楣下面的灰塑鲤鱼沟嘴（图3.6.59），富有动感，用于屋顶平台排水。

邓屋围面前巷172号外墙墙楣部位的灰塑装饰（图3.6.60），有一正两副三幅图，正中为山水风光图（图3.6.61），画面为白底，山水、林木的造型存留，不过原本鲜艳的色彩有所脱落。

3.6.5　陶塑

陶塑构件，系泥塑造型经烧制而成的陶瓷装饰构件。在广府传统建筑中，大量出现在屋脊的位置。清代中期佛山石湾陶瓷业迅猛发展，也引领了陶塑的繁荣发展，以广州陈家祠为代表，广府地区祠堂一度出现了陶塑花脊在上，灰塑在下的双重屋脊形式。陶塑花脊造价昂贵，所以使用双重屋脊的案例较少。

邓屋村内，重建后的邓氏宗祠尽管未采用这种双重屋脊形式，但也使用了少量陶塑装饰。如在前堂、后堂的龙船脊上两端，塑有一对鳌鱼（图3.6.62），另在前堂两条博古式垂脊的前端，塑造了左右呼应的一对陶塑狮子（图3.6.63）。

图3.6.62　鳌鱼（来源：调研团队摄）　　　　图3.6.63　陶塑狮子（来源：调研团队摄）

4

立业：
农业景观的形成与
发展

据《广东新语》记载，"石龙，又邑之一会也，其地千荔树，千亩潮蔗，橘柚蕉柑如之"，乾隆《广州府志·东莞图说》有言，东莞"有蕉荔桔柚之饶，亦为东南诸邑之冠"。东莞农业物产丰富，自古以生产水稻为主，也盛产花生、甘蔗、香蕉、荔枝、木薯、水草、蔬菜、黄麻等作物，素有"鱼米之乡"和"水果之乡"的美誉，是广东省粮食作物和经济作物的主要产区之一。

邓屋村在历史上同样是以农业生产为主要经济来源的村落。然而相较于东莞其他地区，邓屋村处于埔田区，土地贫瘠、灾害频发，农业发展之路充满了艰辛坎坷。近百年来邓屋农业景观的形成与发展，经历了邓屋人筚路蓝缕的开荒探索和勤劳垦殖的过程（图4.1.1）。

从农业的发展过程情况来看，邓屋村的农业产业主要是作物种植，禽畜、鱼类养殖以小规模、家庭散养为多。

	新中国成立前	
1949年	耕地集中在地主手上，耕作制度落后，生产力低下。	
	国民经济恢复期间	
1951年	东莞农村开展土地改革，实现了耕者有其田。	
	互助合作期间	
1953年	邓屋村成立党支部，农村开始兴修水利。	
1954年	邓屋村组织互助组。	
1955年	成立初级农业合作社，第一任社主任是邓权深。	
1956年	初级社转入高级社，除自留地外其他田地作为股份入社。	
	人民公社化期间	
1958年	桥头并入常平公社，邓屋村成为邓屋大队，开展土壤改良。	
1959年	桥头从常平公社析出，成立桥头人民公社。	
1962年	公社一级所有制改为以队为基础，恢复自留地和家庭炉社。	
	改革开放前	
1966~1976年	贯彻以粮为纲，限制了农户的副业。开展农田基本建设。	
	改革开放以后	
20世纪80年代	实行分田到户，开始种植橙柑橘等作物，农业结构改变。	
20世纪90年代	推行三高农业，兴办农场，农业产业化向规模经营过渡。	
	21世纪以来	
	大力发展二三产业，工业在邓屋发展起来。	

图4.1.1　邓屋农业历史时间轴（来源：根据《东莞市桥头镇志》等资料整理绘制）

4.1 地贫灾多的邓屋农耕条件^①

4.1.1 "望天田""乞儿地"和"飞地"

邓屋村发展农业所依赖的自然地理条件较为艰苦。由于人多地少，邓屋可以用于农耕的优质土地资源非常有限，因此这里原本并非一处天然的"鱼米之乡"。当地发展农业需要利用丘陵山岗，以及沙洲沉积形成俗称"埔田"的田地。历史上，邓屋村曾有大小丘陵山头共16处，埔田600亩。人们曾经根据地形、地理、交通条件及其利用情况，把当地的农耕用地称作三类：

一是"望天田"，主要是指雨育水田，即缺少灌溉工程设施，水源不够充足，依靠天然降雨种植水稻、莲藕、席草等水生作物的耕地。在邓屋村的低海拔的山脚地带，这里有少部分田地是沙壤土，养分含量较高，适合水稻、甘蔗、木薯的种植。但大部分田地土壤耕作困难，并不适宜种植水稻，产量较低，十年九不收，只能看天吃饭，"望天"正是说明了对天气的依赖。20世纪80年代以前，邓屋村的农耕田地主要集中于村落的中部和西部地区，能进行耕作的田地大都位于丘陵的山沟之间，是村民种植水稻、蔬菜的主要区域，因此也被称为山坑田。其中不少属于谷底冲积泥炭土田、沙泥湖洋田和渣眼田，主要是深浅不一，低洼、积水，杂草丛生的泥沼地。大量植物残留淤积，土地缺钾严重，导致水稻易发慢性稻热病而大幅减产。

二是"乞儿地"，主要分布于村里中高海拔的山坡地带。"乞儿"就是乞丐的意思。用这一俗称形容耕地，说明土地贫瘠，人们需要向"老天爷"求乞收成。邓屋的大小丘陵山头分布，可用土地凹凸不平，难以进行机械化耕作。如村中西部的黄麻岭一带就曾经分布着村中的"乞儿地"。

三是"飞地"，飞地指隶属于某一行政区管辖，但在地理空间上又未与本区毗连的土地。"飞"就是指本地人难以直接取道本区道路抵达该地，而需要跨越其他区域交通的意思。邓屋的大量埔田分布于远离生活聚居点的地带，是典型的"飞地"。这些埔田耕地分布在距离村庄6公里外的牛头窝、开口湖，不仅路途遥远，而且地势低洼，易受洪涝灾害影响。每逢东江水涨或降水集中的时节，农田低洼处极易淹没，若遇到暴雨，瞬时就会变成湖泊一般。

在古代、近代的很长一段时间里，由于农业耕作制度和耕作设施落后，水利设施不够完善，邓屋村农业生产困难，面临诸多不利因素。从当地人"望天田""乞儿地"和"飞地"的

① 据现场调研、访谈，以及桥头镇文化服务中心、邓屋村委提供的素材、图书等编写：
  1. 中共桥头镇委员会，桥头镇人民政府. 东莞市桥头镇志 [M]. 广州：岭南美术出版社，2006.
  2. 广东省东莞市农业志编写组. 东莞市农业志 [M]. 广州：广东人民出版社，1989.
  3. 莫树材. 邓屋的故事 [M]. 东莞：东印印刷有限公司，2006.
  4. 东莞市农业志编纂委员会. 东莞市农业志 [M]. 广州：广东人民出版社，2014.

俗称叫法不难看出农耕生产条件之艰苦程度。

4.1.2 灾害频发

　　东莞气候长年温润多雨，但短时天气变化比较剧烈。低温阴雨、干旱、洪涝灾害、台风、寒露等灾害性天气频繁。邓屋村位于东江的冲积平原区内，邻近东江水系河流，但中间隔着朗厦村，河水未直接流经本村，所以一旦遇到旱情，邓屋耕田用水就受到极大影响；而若遭遇多雨天气，邓屋附近的石马河受到东江洪水的顶托，极易洪水暴涨而泛滥成灾，邓屋耕田又易遭受洪水淹没。因此恶劣天气给农业生产造成的影响十分严重，邓屋及其附近地区在历史上曾多次出现旱涝交错而至，连年灾害，禾稻失收的极端情况（表4.1.1）。

　　历史上有关气候灾害的记载众多。1088年以前，每当山洪暴发，东江洪水顶托，石马河就会内涝，洪水会泛滥至潼湖及寒溪。至宋元祐三年（1088年），东莞县令李岩主持修筑东江堤，由石排福隆沿江而上建设堤围全长一万余丈，抵御东江洪水入侵。此后尽管水灾有所减轻，但特大洪水来临时石马河下游村庄仍难免水浸。近代时期，灾害频发，农业生产难以保障。1913年桥头镇连续4个月大旱，1915年洪灾，东江、石马河洪水溢堤，淹没农田3000多亩[①]。1918年6月，东江大水，全县堤围漫顶，损失稻谷28.5万担；1923年9月，东江大水，损失稻谷118.3万担；1947年，东江水灾，受灾农田30.4万亩。[②]邓屋村在1941年大旱，1942年遭遇洪水，连续两年农作物失收，当时人们生活艰辛，不无感叹："天旱饿死鸡，水浸无高低。"[③]时至今日，在邓屋旧围村内，我们在民居建筑的外墙，仍然可以查看到当年洪水泛滥，水浸村庄后留下的斑驳痕迹。

邓屋村主要的灾害[④]

表4.1.1

时间	天气变化	农业灾害
农历2~3月	低温阴雨天气，称"倒春寒"	烂秧死苗，严重影响秧苗的正常生长和移植
农历4~5月	雨量集中，降雨强度大，又称"龙舟水"	洪涝灾害
农历6~8月	台风带来的狂风、暴雨和大海潮	水稻脱粒减产，香蕉、甘蔗、木薯、荔枝等高茎作物倒伏
农历10月~次年3月	稀雨时期，干燥、水分蒸发量大	春、秋干旱，农作物产量锐减

① 中共桥头镇委员会，桥头镇人民政府．东莞市桥头镇志［M］．广州：岭南美术出版社，2006：4．
② 广东省东莞市农业志编写组．东莞市农业志［M］．广州：广东人民出版社，1989：1．
③ 莫树材．邓屋的故事［M］．东莞：东印印刷有限公司，2006：2．
④ 广东省东莞市农业志编写组．东莞市农业志［M］．广州：广东人民出版社，1989：29-32．

4.2 因时因地制宜，改造生产条件①

复杂的地质地貌、贫瘠的土地与两条洪泛河流，令邓屋的农业种植发展困难重重。尽管如此，邓屋人没有放弃大自然带来的宝贵资源，"靠天吃饭"的无奈也未能阻挡邓屋村民勇于改变现状的努力。

新中国成立初期，东莞县农业试验示范场成立，后成为东莞县农业科学研究所。此后东莞的群众性的农科活动也逐渐活跃起来，形成了县、社、大队、生产队的"四级农科网"。围绕耕作制度改革，农业科学开展了高产栽培、种子标准化、提高地力、综合防治病虫害等实验活动，取得了不少科研成果②。邓屋村早在1954年就组织成立了互助组，目的是及时解决当地村民在农业生产过程中遇到的水利灌溉、土壤改良、品种优化等方面技术问题。

东莞农业还普遍存在标准化农田少、农田基础设施落后、农田地力水平较低等问题。为此，东莞成立了挖沟改土指挥部，发动各乡镇群众进行农田基本建设。在"农业学大寨"的影响下，邓屋村人开始深入思考提升农业生产水平的策略措施，着手开展农地治理工作，并进行了多项改造工程。针对农地干旱、用水难问题，以及东江流域洪涝灾害问题，人们通过改良土壤、修筑梯田、改造河流及整治排灌系统等措施，逐步改善农业低产现象。

1970年代初，邓屋村所在的桥头公社掀起农田基本建设高潮，在农田基本建设方面取得卓越成效，涌现出许多先进人物事迹，连续多年被评为"广东省农业学大寨先进单位"，得到广东省委充分肯定和《南方日报》《惠阳报》《东莞通讯》等多家报刊报道。可以说，这是现当代桥头农业发展出现的第一个黄金时期③，邓屋村的农业从过去的地贫灾多，逐步走向高产稳产。农业景观的改观背后是邓屋村人吃苦耐劳、不畏艰险的奋斗过程，他们在这块土地上流下了血、汗、泪，也留下了众多感人的故事（图4.2.1～图4.2.3）。

---

① 据现场调研、访谈以及桥头镇文化服务中心、邓屋村委提供的素材、图书等编写：
　　1．中共桥头镇委员会，桥头镇人民政府．东莞市桥头镇志［M］．广州：岭南美术出版社，2006．
　　2．广东省东莞市农业志编写组．东莞市农业志［M］．广州：广东人民出版社，1989．
　　3．东莞市地方志编纂委员会．东莞市志［M］．广州：广东人民出版社，1995．
　　4．莫树材．邓屋的故事［M］．东莞：东印印刷有限公司，2006．
　　5．东莞气象志编纂委员会．东莞气象志［M］．北京：气象出版社，2006．
　　6．东莞市农业志编纂委员会．东莞市农业志［M］．广州：广东人民出版社，2014．
② 广东省东莞市农业志编写组．东莞市农业志［M］．广州：广东人民出版社，1989：21．
③ 中共桥头镇委员会，桥头镇人民政府．东莞市桥头镇志［M］．广州：岭南美术出版社，2006：106．

图4.2.1 村民进行积土制肥（来源：东莞市地方志编纂委员会．东莞市志［M］．广州：广东人民出版社，1995）

图4.2.2 排咸引淡（来源：东莞市地方志编纂委员会．东莞市志［M］．广州：广东人民出版社，1995）

4.2.1 改良土壤

图4.2.3 修筑堤围（来源：东莞市地方志编纂委员会．东莞市志［M］．广州：广东人民出版社，1995）

1958年2月，东莞全面开展田土普查工作。同年9月，东莞土壤鉴定委员会成立，下设工作组，由中山大学、华南农学院、省土地利用局、惠阳地区农校等单位成员组成，领导全东莞开展土壤鉴定和土壤改良工作。经过第一次土壤资源勘查，将年亩产低于500斤的稻田定为落后田，统一提出整治方案。根据《东莞农业志》记载，当时各地将耕地问题进行了分类，针对性地开展了排酸排水、混沙混泥、深耕暴晒、堵漏洞、增有机肥等多项整治。当时每一个乡镇都会成立农科站，农科站配备相应的技术员，每一个镇、每一个公社都有一个技术员，指导农田基本建设。这些低产的落后田经改造，粮食产量普遍增加。

1958年冬天，为响应"深翻三尺土，增产万斤粮"的口号，桥头公社也组织农民开展了"深翻运动"[1]。桥头镇公社书记带领桥头公社7000多人，每天出动1500多头耕牛、50多台拖拉机，下田大搞深翻土地。邓屋大队的干部不辞辛苦，每天蹲点搞样板田，社员们更是夜以继日，早出晚归，在不到一周的时间内，就深翻了6200多亩田地[2]。但是山坑田犁底层浅，当时

---

[1] 深翻运动：土壤深翻是我国固有的一种耕作法。1958年夏至1959年秋冬，中国农村发起了一场旨在改良土壤从而达到粮食增产的深翻土壤运动，由于把深翻技术推向了极端，违背自然规律，因此并没有带来增产的效果。
[2] 中共桥头镇委员会，桥头镇人民政府．东莞市桥头镇志［M］．广州：岭南美术出版社，2006：105-106．

由于缺乏科学指导，不少人认为越深越好，结果把非耕作层也翻起来了，反而导致地力降低，造成减产。1959年以后，各地恢复实施行之有效的积制肥[1]制度。1964年以后大面积种植冬种专用绿肥[2]和推广花生水稻轮作，低产田的产量逐步提高。

改革开放以后，根据1979年地力情况调查和1980年第二次土壤普查的结果，桥头各个地区又针对不同类型、不同特性的土地采取了相应的改良措施。邓屋村也充分利用村庄内部的丘陵坡地种植水果，并实行农牧结合来改良土质、以田养田，同时全面增施有机质肥料，推动土肥建设。

4.2.2 平整土地

"平整土地"是邓屋农田基本建设的重要内容之一。邓屋村开口湖、牛头窝的土壤是重黏土，雨季土地泥泞，甚至连行走都会变得困难。原因在于这一带的地势凹凸不平，春夏季节江河水涨，低洼地就容易被水浸淹没。本地80%以上的年降雨量集中出现在4~6月和7~9月。4~6月的前汛期，因恰逢端午举行龙舟景的时节，所以也俗称"龙舟水"；7~9月的后汛期，俗称"白露水"，雨量集中加重了水淹土地的风险[3]。尽管如此，有限的土地仍然是人们赖以谋生的宝贵资源，邓屋村民在这块土地上进行了各种尝试。村民们在这里放牛，或是收割地里的野草作为柴火燃料，权当发挥一下土地的有限作用。一些相对平坦的地块用于水稻种植，但所占比例并不高。解放军的军垦农场也曾设在这里，种植水稻，但收成一般。村里把一些荒地出租给人挖土烧砖，但由于环境污染，破坏土地，所以招致反对而停止。20世纪60年代时，有人提出种植木薯，制葡萄糖，开葡萄糖加工厂等设想。但木薯是旱地作物，而埔田的重黏土中缺乏空气，正所谓"干长根、湿长芽"，所以土质并不利于木薯的生长。因此，埔田本不适宜进行农业种植。但随着人口日渐增长，粮食供给有限，人们面临基本的温饱问题。为此，邓屋人克服重重困难，起早摸黑，长途跋涉去埔田开垦耕作，挖沟筑堤，希望能开辟一小片有效益的农田。零散的、小规模的垦殖，收获始终有限。为了能彻底地解决这个问题，邓屋村民对这片土地进行了大规模的平整工作，在缺少机械化设备的年代，邓屋人靠着一腔热血、一根扁担和两条腿，走过深深浅浅的田地，一点点平整了原本高低不平的几百亩烂田。埔田离居住的村庄路途遥远，而且道路难行，来回一趟要4个小时之久，人们早出晚归，不少人甚至吃住在"飞地"，不舍昼夜地劳作，终于形成了田成方块、土壤成型、沟渠成网、道路相通的农田景

---

① "积"，是积集各种动植物肥料，冬季积春季用，夏季积秋季用，常年不懈，设立田头肥池，就地积、就地沤、就地用。"制"，是推沤加工肥料，提高肥效。
② 绿肥：用绿色植物体制成的肥料。绿肥是一种养分完全的生物肥源。种绿肥不仅是增辟肥源的有效方法，对改良土壤也有很大作用。但要充分发挥绿肥的增产作用，必须做到合理施用。
③ 东莞气象志编纂委员会. 东莞气象志 [M]. 北京：气象出版社，2006：2.

观，飞地埔田成了适用机耕、运输无阻的高产格子田，粮食产量随之飞跃。

4.2.3 引水排涝

　　除了进行改良土壤、平整土地，新中国成立后，东莞大力改善农田水利设施，完善引水与排涝功能。桥头镇公社着手进行了水利排灌系统和水利工程配套的加强建设。其中，邓屋村所在的区域为大面积的丘陵坡地，因地形影响而导致坡地水土流失严重，以至于人们称其为跑水、跑肥、跑土的"三跑地"。起初，农民从山下挑水上山灌溉，但这种方法过于耗费人力且收效甚微，一担水辛辛苦苦挑上山根本救不活多少庄稼。因此，在东莞大力开展水利建设、改善农田排灌的大背景下，邓屋人也重新寻求改善和解决村中丘陵排灌问题的方法。邓屋村人首先将山地修成梯级田，缓解坡地造成的水土流失，为种植作物提供更加平整的耕种界面。另一方面，村民们在各个丘陵山坡的山腰上修水渠。在离地面不高的地方就直接用石头砌筑，离地面高的地方则架设"天桥"一般的水渠，把几个山头连起来。灌溉用水，通过抽水站，引水上山。在修建水渠过程中，邓屋村与隔壁的塘厦村联合施工，起初计划引东江水上山。但是修好水渠之后，人们发现东江水与邓屋之间隔着一条塘厦村，相距甚远，所以江水需要流经塘厦村的农田再到邓屋村。如此一来，塘厦村的田地确实得到充分灌溉，而邓屋村田地的引水则因距离远、时间长，所谓"远水难解近渴"，难以及时得到灌溉。为此，邓屋村再次修建水渠和抽水站，从距离村林场不远的水库引水，这才终于使耕地能得到及时的灌溉。邓屋人打地埂，筑田塍，把原本贫瘠的旱地变成了保水、保肥、保土的水浇地，粮食亩产增加了200多斤[①]。此外，邓屋村人也在埔田修筑"田"字形水渠，在与石马河的连接处修排灌站，终于令这块埔田区实现了排灌自如，在东江水涨或夏季降水增多、暴雨袭来之际，能够有效地进行排水，从而变成高产稳产的穗田（图4.2.4）。

　　"修建水渠，引水上山"，这些工作放在现代化、机械化程度如此高的今天或许并非多么大的工程。但在当年，这些工程都是靠着人们的双手，从深山采石，再一点一点地在山间架起"天桥"。如今在邓屋村还能看到这样的天桥，它象征着那个时代的人敢想敢干，克服困难的奋斗精神（图4.2.5）。这些天桥仿佛筑起了邓屋村人走向温饱，走向富足的通道。《邓屋故事》里有这样一句话："黄麻岭上好风光，穷乡僻壤换新装。"可谓是邓屋村人多年付出心血的心得体会，蕴含着几多艰辛，更蕴含着多少喜悦。

---

① 莫树材.邓屋的故事［M］.东莞：东印印刷有限公司，2006：11.

图4.2.4　邓屋埔田现状（来源：调研团队摄）　　　图4.2.5　邓屋村天桥现状（来源：调研团队摄）

4.3 优化耕作制度，更新农业技术[①]

　　新中国成立后，为了解决人民的温饱问题，首先解决土地所有制问题。新中国成立初期，东莞县农业试验示范场成立，后成为东莞县农业科学研究所。此后东莞的群众性的农科活动也逐渐活跃起来，形成了县、社、大队、生产队的"四级农科网"。围绕耕作制度改革，农业科学开展了高产栽培、种子标准化、提高地力、综合防治病虫害等实验活动，取得了不少科研成果[②]。早在1954年，邓屋村就组织成立了互助组，解决当地村民在农业生产过程中遇到的水利灌溉、土壤改良、品种优化等方面技术问题。

4.3.1 优化耕作制度

　　新中国成立以前，由于耕地条件制约，邓屋村的收成在极端天气影响下，其损失难以估量。村民为了避免灾害损失，会结合农作物生长特点及天气变化规律来安排农业生产。其中，水稻种植有早造和晚造的区别。邓屋村通常上半年雨水多，早造常常失收。因此不少农民选择只种晚造[③]，晚造

---

① 据现场调研、访谈，以及桥头镇文化服务中心、邓屋村委提供的素材、图书等编写：
　　1．广东省东莞市农业志编写组．东莞市农业志［M］．广州：广东人民出版社，1989．
　　2．中共桥头镇委员会，桥头镇人民政府．东莞市桥头镇志［M］．广州：岭南美术出版社，2006．
　　3．东莞市地方志编纂委员会．东莞市志［M］．广州：广东人民出版社，1995．
　　4．东莞市农业志编纂委员会．东莞市农业志［M］．广州：广东人民出版社，2014．
② 广东省东莞市农业志编写组．东莞市农业志［M］．广州：广东人民出版社，1989：21．
③ 晚造：指收获期较晚的作物。

选用迟熟的品种，实行一年一熟；也有人早造①选用早熟品种，实行一年两熟的耕作制。然而由于邓屋村丘陵地带的旱地水土流失严重，即便实行了一年两熟制水稻种植，产量也未能显著提高。人们又尝试在旱地种植荔枝、番薯等作物，但产量也不高。其中一个重要原因就是邓屋一带的耕作制度和耕作技术比较粗放，未能有效利用土地，保证植物所需营养品质。

新中国成立后，邓屋村村民开始结合新品种、新农技，对传统耕作制度进行改革。通过各种努力，生产力逐步得以解放，农业生产产量日渐攀升。为了增加粮食产量，当地采取了一系列扶植生产的政策措施支持改善农地条件，大部分单造田在20世纪50年代末至60年代初改造为双造田。邓屋村推广早造在惊蛰播种，清明插秧，大暑收获；晚造在芒种播种，立秋插秧，小雪、大雪左右收获。早造晚造都保证有100天的生长期。除了个别年份遭遇倒春寒②，大多数时候产量都比较理想。早造适当提早播、早插，既可减少大量降水带来的影响，又能达到穗大粒多和增产的目的。而且早造的早收，则可以确保晚造之前留有充分的时间沤田③，并做好各项备耕工作④。

20世纪60年代，随着种植收益的提升，邓屋村结合本地特点，进一步优化耕作制度。当时曾有人提出过一年三熟，即在早造和晚造之间加种中造。但邓屋村的干部认为田地一年到头都在种水稻，土壤肥力容易下降，还会加剧劳动力紧张，不利于提升粮食产量，反而可能带来更多问题。于是邓屋村推行"两稻一薯"的一年三熟制，即在晚造收获后，趁温度适宜种马铃薯，不仅有效利用土地，提高粮食作物产量，还避免了土地长时间种植同一作物导致地力下降的问题。1966年，在耕地面积不变的情况下，经济作物的种植大量减少，粮食作物种植面积和绿肥种植显著扩大。为了提高地力、充分利用耕地，各地区都因地制宜进行了土壤改良和土肥建设，大力发展专用绿肥，实行"以种为主，以田养田"的"两禾两肥"耕作形式。即在早晚两造的间隙，在稻田放养春萍和夏萍；在早稻间种田菁，晚稻大面积种植紫云英、苕子等专用绿肥。土壤贫瘠沙质的田地进行水稻与花生轮作，以提高地力，增加肥源。此外，村民大面积推广和利用稻秆回田，以解决晚造稻田基肥⑤。

20世纪70年代后期，随着科技发展与政策调整，邓屋的生产获得大幅推进。县农业部门通过系统地总结分析本县气候规律（表4.3.1），根据水稻生长情况为农民提供更精准的播种指导，使产量得到保证（图4.3.1）⑥。至80年代，地方上对经济作物耕种技术进行大力推广，邓屋村民也广泛种植水果、蔬菜，农业收入因此得到明显提升。

---

① 早造：指生长期较短、成熟较早的农作物。
② 倒春寒，指初春（北半球一般指3月）气温回升较快，而在春季后期（一般指4月或5月）气温较正常年份偏低的天气现象。它主要是由长期阴雨天气或冷空气频繁侵入，或常在冷性反气旋控制下晴朗夜晚的强辐射冷却等原因所造成的。如果后春的旬平均气温比常年偏低2℃以上，则认为是严重的倒春寒天气，可以给农业生产造成危害，特别是前期气温比常年偏高而后期气温偏低的倒春寒，其危害更加严重。
③ 沤田：将植物浸泡在有水的田地里，让其发酵为肥。
④ 广东省东莞市农业志编写组. 东莞市农业志［M］. 广州：广东人民出版社，1989：80-85.
⑤ 广东省东莞市农业志编写组. 东莞市农业志［M］. 广州：广东人民出版社，1989：40.
⑥ 广东省东莞市农业志编写组. 东莞市农业志［M］. 广州：广东人民出版社，1989：86.

东莞地区物候表[1]   表4.3.1

月份	四时风物与农事
一月	上旬，木棉落叶，冷空气或寒潮常侵；中旬，常出现年中气温的最低值；下旬，平均终霜，桃李开花
二月	上旬，低温阴雨期始，甘蔗瓜类播种；中旬，木棉现蕾，苦楝萌芽，桃李结子，早稻浸种，花生播种，燕子初来；下旬，早稻大播
三月	上旬，木棉开花，平均初雷，蛙始鸣，早稻播完；中旬，甘蔗出苗，早荔开花，水田犁耙办田，鱼种落塘；下旬，平均"成水"始期，回南潮湿天始，苦楝开花，桑树出叶，早稻始插，冬薯收，龙眼花穗抽出
四月	上旬，早稻大插，木棉出叶，苦楝结籽；中旬，早稻本田除草追肥；下旬，梅李成熟
五月	上旬，木棉吐絮；中旬，"龙舟水"暴雨期始，凤凰树开花，蝉鸣，早荔成熟，台风始发；下旬，早稻抽穗扬花，湿热雷阵雨始
六月	上旬，"龙舟水"高峰期到，晚稻播种，芒果成熟；中旬，前汛期暴雨期终；下旬，早稻谷黄
七月	上旬，晚荔熟，春花生收；中旬，炎热暑天高峰期，早稻大割；下旬，台风盛发，"白露水"暴雨期始，早稻割完，晚稻始插
八月	上旬，晚稻大插，龙眼大熟，秋花生下种，蝉绝鸣；中旬，插植秋薯；下旬，晚稻除草施肥
九月	上旬，"白露水"暴雨高峰期，柚、柿、榄收摘；中旬，黄麻长；下旬，"白露水"期暴雨止，北方冷空气到，秋高气爽，雁南飞
十月	上旬，燕南飞，晚稻抽穗，"寒露风"至，雨季止；中旬，晚稻灌浆，平均终雷；下旬，苦楝落叶，旱季始
十一月	上旬，柑橙黄，苦楝籽熟；中旬，晚稻大收，种冬薯；下旬，犁冬晒白，整修水利，小阳春天始
十二月	上旬，木棉叶黄，马尾松、苦楝、桐树采籽；中旬，秋薯收；下旬，平均初霜，果园清理，积肥备耕

4.3.2 多样化种植方式

邓屋村农民充分利用土地资源，在大面积的农田和"自留地"的小块农地上，多样种植作物，并结合了多样化种植方式，包括间作[2]、轮作[3]、套种[4]、合理密植等，不断发挥农田的潜力，提高土地利用的经济效益，尽可能最大限度地促进农业增收。

间作：东莞农耕传统中，有多种农作物混合间作的种植方式，并一直保留延续到

图4.3.1　农民收割水稻（20世纪70年代）
（来源：中共桥头镇委员会，桥头镇人民政府. 东莞市桥头镇志［M］. 广州：岭南美术出版社，2006）

---

① 东莞市地方志编撰委员会. 东莞市志［M］. 广州：广东人民出版社，1995：133-134.
② 间作：指在同一块田地上，将共生长期的几种农作物相间种植，一般采用植株较高的喜阳作物与植株较矮的喜阴植物间作。间作能够提高土地和光照的利用率，实现高产、稳产和高效益。
③ 轮作：指在同一块田地上，不同年份轮流种植不同作物的种植方式。轮作的意义在于能够均衡利用土地的养分，从而改善土壤的结构和理化性质、调节土壤肥力，同时减轻病虫害，能够有效增产。
④ 套种：是在田地上种植原本种植的作物未收割的时候，将另一种作物种植到前一种作物的株间，同样能提高对光照的利用率，与间作的区别在于两种作物的共同生长期更短。

20世纪80年代。在邓屋村，甘蔗、木薯间种豆科作物是最常见的间作形式。该间作方式多见于丘陵农地，间种作物多为黄豆、绿豆、花生。种植时序是先种甘蔗或木薯，后在春分前后间种黄豆、花生、绿豆。此外，还有花生间种黄麻、花生间种玉米、豆间种麻、蕉间种麻、稻底种麻等多种形式，从而有效利用农地空间，大大提高了土地生产效益。[1]

轮作：新中国成立前，水田一般在种植季后进行短暂休耕。1955年后，为了从时间上提高土地利用效率，村民改两造为三造，在早、晚两造水稻外的冬季施种小麦等作物。1958年后，邓屋村进一步推行轮种，早造种花生，晚造种水稻。有些地方还实行水旱轮作，主要形式有水稻—甘蔗和水稻—花生两种。此外，人们也会采取在每年种植不同作物的方式，保障土地资源合理利用，如水稻—甘蔗轮作，第一年新植蔗，第二年宿根蔗，第三年水稻。[2]

套种：1960年后，政府逐步推广新技术，以田养田，以绿肥种植增加土壤有机肥。套种同时从时间和空间层面，根据不同作物生长情况提高土地利用效益。如稻底套种绿肥、稻底放养红萍等多种形式。1970年代前后，桥头有些水田采用稻底套种甘蔗、稻底套种番薯、稻底套种绿肥，其中绿肥品种包括紫云英、苕子、田菁。稻底套种甘蔗的方法是在稻田中插植早、中熟稻种，待"秋分"前后，水稻晒田回水落干后，接着种甘蔗。稻底套种番薯的做法大体与此类似。[3]

合理密植：新中国成立前，桥头水稻插植规格普遍偏疏，通常株距为1尺，行距为8~9寸，或株距为8~9寸，行距为1尺。株行距为1.2×1尺、1.2×1.2尺、1.3×1.4尺的也不少。新中国成立初期为6×4寸、6×5寸，每蔸[4]插9~11苗。有些地方是6×5寸、6×6寸，每蔸插8~10苗。沙田地为7×6寸、7×7寸，每蔸插8~10苗。1950年代末，曾一度推行1×1寸、1×1.5寸的高度密植规格，获称"密乘密"，也称为"满天星斗""蚂蚁出洞""戏院散场"，使水稻从原每亩15万至16万苗提高到40万至50万苗。然而，这样的高密度"密植"造成田间通风透光极差，种植效果适得其反，禾苗不到半个月就凋谢死亡，反而导致减产。1960年后，各地总结经验教训逐步恢复合理密植的规模。1980年后，在农业科技部门的指导下，普遍实行肥田插7×7寸、7×6寸，每蔸4~5苗、瘦田插6×6寸、6×5寸，每蔸插5~6苗的方案，通过合理密植禾苗，在保证水稻正常生长的同时，最大密度地提高土地利用率。[5]

4.3.3 传统农具到机械化生产

东莞地区农耕劳作常见的传统工具主要有牛拉犁耙、镰刀、锄头、五齿耙锄、大水车、

---

[1] 东莞市农业志编纂委员会. 东莞市农业志 [M]. 广州：广东人民出版社，2014：152-153.
[2] 广东省东莞市农业志编写组. 东莞市农业志 [M]. 广州：广东人民出版社，1989：93.
[3] 广东省东莞市农业志编写组. 东莞市农业志 [M]. 广州：广东人民出版社，1989：154.
[4] 蔸：方言，植物一棵或一丛之称。如：一蔸白菜；一蔸稻子。
[5] 广东省东莞市农业志编写组. 东莞市农业志 [M]. 广州：广东人民出版社，1989：86-88.

小水车、吊桶、粪箕、秧铲等。在邓屋村，我们见到一批传统农具：平整土地的工具，如犁、耙、木锤、泥锹；水利工具，如风车、龙骨水车；运输工具，独轮车等；作物加工农具，如绞横、筛子、打禾梯、谷耙、谷磨、石磨等（表4.3.2）。这些农具多采用木、铸铁制作，简单易做、构思巧妙，适用于各种不同的农业劳作环节，有助于提升人力劳动效率，反映了传统农耕社会人们的劳动智慧（图4.3.2、图4.3.3）。

传统农具用途[①]   表4.3.2

农具名称	用途
戽斗	戽斗用于水稻或蔬菜的灌溉。为了时刻保持田中泥土的湿润，水稻和蔬菜都需每天灌溉。田中泥土水加不够时，村民就用戽斗在旁边的小水塘和小水潭中，兜水进灌溉农田
木锤	木锤用于平整土地，前端锤头一般为木质，中部孔，长约两米的木把从中穿过。土地翻耕后，使用木锤砸碎土块，可使土地更为平整，易于耕种
筛子	筛子由竹片或铁丝编织，形似圆盆。通过疏密变化的编织，形成不同的筛目。筛子主要用途为筛选过滤，有米筛、花生筛、禾筛、饼筛等
打禾梯	俗称"扮梯"，与禾桶、竹团、禾兜联合使用，用于水稻脱粒
禾格	禾格多为竹材制作而成。亦有铁制的禾格，俗称"铁络"。人力肩挑的装运工具，装配结构简单，用于装运砖瓦、秧苗等
禾汤	又称"禾杠"，用于清除稻田的旱生杂草
绞横	又称"纺绳车"，由绞头和绞尾组成的，绞制麻绳的传统工具
龙骨水车	俗称"翻车""踏车""水车"，是一种用于排水灌溉的机械。广东等地用手摇的较轻便，称"手摇拔车"。龙骨水车，因其形状犹如龙骨，故而得名。其结构是以木板为槽，尾部浸入水流中，头部固定于提水岸，两端各有一个轮轴，用时摇动拐木，使大轮轴转动，带动槽内板叶刮水上行，倾灌于地势较高的田中
谷耙	谷耙是晒谷时聚拢谷物的专用工具。一小块长形木板，中间凿一小洞，用木枝装入板洞内即成
石磨	石磨是把粮食去皮或研制成粉末、浆的石制工具。它由两块尺寸相同的短圆柱形石块构成，一般是架在木制架子上。磨是平面的两层，上扇有一个磨眼，粮食从磨眼进入两扇磨中间，两扇磨的接触面上都凿有排列整齐的磨齿，粮食沿着纹理磨齿运移，在滚动过程中被磨碎，形成粉末或浆，两扇磨中心有木制或铁制磨心，以防止上扇在转动时中心偏移或从下扇上掉下来。上扇两侧有洞，可嵌横木，叫磨手，磨手上有孔，用来穿磨钩。磨钩一般用曲木做成，像一个"丁"字，横杆两头系上索，吊在屋梁上，磨粮食时，两手紧握横杆，用力推磨转动
箩筐	箩筐是用竹篾编制而成的筐式盛器，上有双耳，耳上系绳，是一种极为重要的生产生活用具，实用性强，结实耐用，装蔬菜、果品、粮食尤为方便。整个加工过程，工序繁琐，全用手工制作，编织过程中有起底、立脚、织箩身、绞口、缠箩口、上耳、固足等工序，每道工序都不能马虎，尤其是刻篾、立脚、织箩身，与竹篾是否美观实用息息相关

---

① 传统农具相关资料均由邓屋村村史馆提供。

续表

农具名称	用途
谷磨	专门用来把稻谷磨去谷壳加工成白米的一种工具,主要用纯正黄泥和竹作材料。分上下两扇,竹篾围壳,中间施以黄泥,待黄泥半干给磨打上用竹签做的磨牙。给竹磨打磨牙,一个竹磨要用数百根磨牙,且磨牙的盘旋分布要很均匀,这关系到竹磨的优劣与否。上扇顶部是空的,用来盛谷,中间有一个漏谷口,漏谷口上方有一段横木穿过,两端突出,叫磨手,磨手两头有一个小孔,用来穿磨钩。磨手中心也有圆孔,与下扇中心的长棍相契合,以免转动时磨心偏移,下墩外围有一圈竹织的槽,盛磨出来的谷壳和米
泥锹	泥锹是用于开沟、掘土、挖穴、铲取杂物等作业的。结构与铁锨相似,但泥锹较窄而厚,木柄端有短拐扶手,便于操作时用力,入土比铁锨深。有一种踏锹在锹头上部折弯成一窄平面,锹头与木柄之间夹角为150°左右,适合脚踩锹头翻耕土壤,用于挖稻田泥土。主要是将田边的泥移到稻田里或开沟挖穴,用于修筑稻田
独轮车	俗称"手推车",在近现代交通运输工具普及之前,是一种轻便的运物、载人工具。独轮车以只有一个车轮为标志,车轮为木制,有大有小,至于独轮车的车辕,其长短、平斜,支杆高低、直斜及轮罩的方椭,几乎随地而异、随人而异。在两车把之间,挂"车绊",驾车时搭在肩上,两手持把,以助其力

犁　　　　　　　　　　　打禾机

耙　　　　　　　木锤　　　泥锹

图4.3.2　传统农具1(来源:邓屋村委收集,调研团队摄)

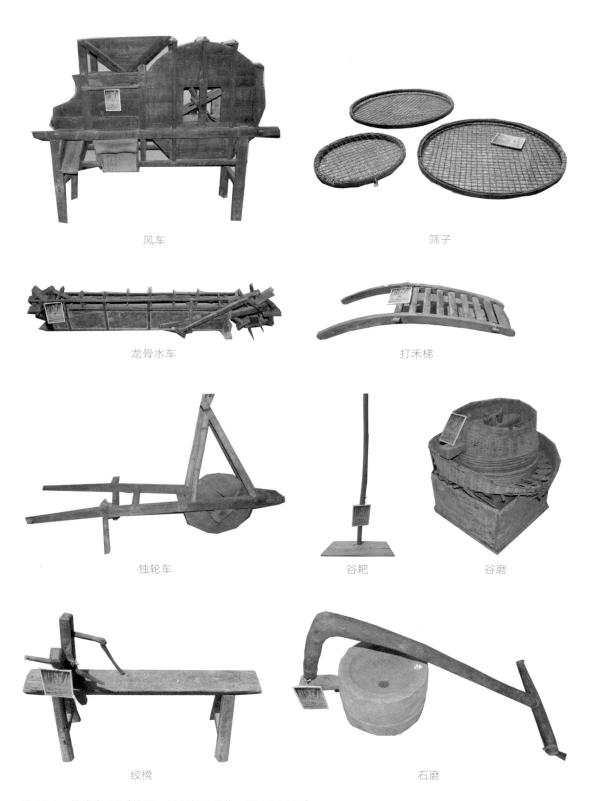

风车

筛子

龙骨水车

打禾梯

独轮车

谷耙

谷磨

绞槎

石磨

图4.3.3　传统农具2（来源：邓屋村委收集，调研团队摄）

图4.3.4　东莞农民用收割机收割水稻（来源：东莞市农业志编纂委员会．东莞市农业志［M］．广州：广东人民出版社，2014）

新中国成立以来，东莞推进农业农具更新，引入高效农作机具，积极建设农具厂，研发适用于本地农作物及土地特点的农机器械。如结合"五一"步犁改装旧式步犁，从北方省份引进双轮双铧犁；将龙骨水车改为"封闭式"水车，建立机械动力的固定排灌站；建立拖拉机站，使用机动收割机（图4.3.4），开发水旱田脚踏打禾机，推广脚踏打禾机、电动打禾机、榨油机等[①]。邓屋村一带村落先后实现机械动力提水和电动排灌，解决了大片埔田的灌溉和排涝问题。此外，从20世纪50年代到60年代，人们结合实际需求，推广使用"插秧船"，开发了豆类撒播机、水稻直播机、黄麻播种机、剥麻机、花生剥壳机、切薯机等，使得农作效率显著提高。1978年后，邓屋村所在地区逐步推广电动打禾机[②]。90年代以后，邓屋村种植规模大的粮食种植专业户，得到中央补贴以及农机具的奖励。1997年后，桥头镇逐步实施水稻机械收割，传统收割逐渐被半机械化、机械化、部分电动化代替。2003年，广东省出台并实施《扶持农业机械化发展议案》，提出从2003～2005年全省商品粮生产基地的水稻丰产机械化水平要达到40%。经过50多年的农机推广，邓屋村在大幅提升农产品产量的同时，降低了人力投入成本，村民们逐渐有了更多的时间和精力，投入到第二、三产业的发展中。

4.4 优化农业结构，丰富作物品种[③]

长期以来，由于地理条件和农耕制度的限制，邓屋村农业生产水平较低，人民生活艰苦。然而，邓屋人务实勤恳、躬耕细作、开辟耕地。在数十年不懈的努力下，邓屋人令原本贫瘠多

① 广东省东莞市农业志编写组．东莞市农业志［M］．广州：广东人民出版社，1989：43-46．
② 中共桥头镇委员会，桥头镇人民政府．东莞市桥头镇志［M］．广州：岭南美术出版社，2006：115．
③ 据现场调研、访谈，以及桥头镇文化服务中心、邓屋村委提供的素材、图书等编写：
　1．广东省东莞市农业志编写组．东莞市农业志［M］．广州：广东人民出版社，1989．
　2．中共桥头镇委员会，桥头镇人民政府．东莞市桥头镇志［M］．广州：岭南美术出版社，2006．
　3．东莞市农业志编纂委员会．东莞市农业志［M］．广州：广东人民出版社，2014．
　4．陈伯陶纂．民国东莞县志［M］．上海：上海书店出版社，2013．
　5．莫树材．邓屋的故事［M］．东莞：东印印刷有限公司，2006．

灾的土地变得物产丰富。经过长期摸索及多年经验教训的总结，邓屋人因地制宜，培育并种植了许多适合当地环境气候条件的优质农作物品种。从农业种植业结构来看，邓屋村的农作物主要包括了粮食作物和经济作物，粮食作物主要是水稻，兼有一些杂粮品种；经济作物包括了油料、糖料、麻料作物、蔬菜、水果等（表4.4.1）。

桥头地区生物资源表[①]   表4.4.1

类别	主要物产
谷类	稻：黏米谷、糯米谷、苏子谷（自20世纪70年代后，埔田区无人种植苏子谷）。 麦：自20世纪70年代后，少有人种植。 粟：高粱粟、狗尾粟（自20世纪70年代后，少有人种植）。 黍：玉米，至今种植
豆类	黄豆、青豆、红豆、绿豆、乌豆、眉豆、黑眉豆、赤小豆、花生、菜豆、荷豆
瓜薯类	冬瓜、丝瓜、苦瓜、节瓜、白瓜、黄瓜、南瓜、瓦瓜、蒲芦茼、水瓜、蒲瓜、北瓜、木薯、番薯、白薯、红薯、银薯、马铃薯、粉葛
蔬菜类	菜心、椰菜、白菜、黄芽白、菠菜、奶白菜、芥蓝菜、空心菜、芥菜、生菜、苋菜、藤草、芹菜、韭菜、荞、洋葱头、茄子、番茄、辣椒、豆角、荷兰豆、胡萝卜、耙齿萝卜、大卜、西菜头、姜、芋（图4.5.5）、沙葛、莲藕、马蹄、慈菇、西洋菜、红头葱、白头葱、大蒜、西红柿、龙芽豆
桑麻类	桑：自20世纪70年代后，少有人种植。 黄麻：20世纪50年代后部分地区盛产黄麻，但20世纪70年代后，少有人种植
果树类	荔枝、龙眼、橙、柑、桔、香蕉、蔗、梅、桃、李、奈、杨桃、黄皮、葡萄、菩提子、芒果、石榴、菠萝、凤眼果、柚、糖桂木、木瓜、乌榄、白榄、人参果等
花类	菊花、兰花、茉莉花、玫瑰花、蔷薇花、海棠花、含笑花、白玉兰、凤仙花、夜合花、牡丹、鸡冠花、米仔兰、石榴花、莲花、吊钟花、芍药花、九里香、夜来香、木棉花、簕杜鹃等
竹类	簕竹、黄竹、绿竹、泥竹、大头竹、观音竹、微竹
草类	艾、蒲、苔、茅、稗、香附子、香茅、灯笼草、山羌、旱莲子、凤尾草、龙草、薄荷、蓖麻、颠茄、冬叶、鸡矢藤、黄姜、土茯苓、山豆根、蛇泡芳、凉粉草、车前草、蒲公英、含羞草、地胆头、紫苏、鸡骨香、臭便茼、金钱草、金银花、田基黄、金英子、草头香、半边莲、夏枯草、仙人掌、风雨兰等
木类	松（马尾松、湿地松）、杉、榕（大叶榕、细叶榕）、杨、柳、樟、梧、桐、苦楝、乌桕、木棉、凤凰木、台湾相思、鸭脚木、木麻黄、桉（大叶桉、细叶桉、柠檬桉）、紫荆、黄槐、仁面、大叶紫薇等。2000年引进的品种有：草律、尾叶桉、赤桉
禽类	鸡、鹅、鸭、鸽、鹌鹑、鹤、鸦崖鹰、喜鹊、野鸭、鹧鸪、啄木鸟、画眉、了哥、斑鸠、麻雀、禾谷、白眼圈、杜鹃、田凼鸡、白头翁、燕子、百灵鸟、丁鬐娘、红屎佛、猪屎毕、打铁仔、钓鱼翠、猫头鹰、水连鹅、沙锥、杨梅哥
畜兽类	猪、牛、羊、马、狗、猫、兔、鼠、山猪、黄猄、豺狗（本地叫步狗），后三种兽类在新中国成立初有见
蛇类	眼镜蛇（饭铲头）、金环蛇、银环蛇（簸箕匣）、青竹枝、过树龙、黄水绳（黄水蛇）、黄头蛇、泥蛇、水蛇、四脚蛇、三索线（三角线）

[①] 生物资源相关资料均引用自：《东莞市桥头镇志》第二篇自然环境 第四章自然资源36～38页。

续表

类别	主要物产
昆虫类	蝴蝶、蜻蛉、蚱蜢、蛾、萤、螳螂、蝉、蜻蜓、蜘蛛、蜗牛、蚯蚓、蜥蜴、蚁、蚊、蝇、蜈蚣、百足、放光虫、水蛭、龙虱、蚤、虱、蟑螂、青蛙、蚧、蛤蟆
鱼类（含介类）	鲤、鲮、鲫、鳊、鳙、鲢、鲩、非洲鲫、福寿鱼、白鳝、黄鳝、泥鳅、虾、塘虱、马鲚、蓝刀、斑鱼、油边、沥锥、红眼衬、白萧、白头婆、塘锦皮；介类：脚鱼（水鱼）、龟、砂蚬、泥蚬、田螺、石螺蛤、虾、砂砚蚌、蟛蜞、水蟞（桂花蝉）、福寿螺

关于粮食作物和经济作物的选择，邓屋也曾经走过弯路。1966～1976年期间，邓屋村大量种植水稻等粮食作物，放弃了原本已有较大种植规模的荔枝、乌榄、黄麻、花生等经济作物，结果导致农业结构过于单一。1978年后，农业产业结构得到优化调整，以"决不放松粮食生产，积极开展多种经营"为指导方针，邓屋全面调整农业结构，并为农户提供农业科技指导，实施科学种田[1]。家庭联产承包责任制实施后，农民拥有了更多的生产自主权。部分承包了荒山的农民，开始种植荔枝、橙、柑、桔等水果类植物。邓屋村的农业种植格局逐渐改变，作物品种多样化，农业经济也开始由产品经济向商品经济过渡。

4.4.1 多样种粮

东莞地区的粮食作物以水稻为主，杂粮有稷、黍、秬(黑黍)、麦、豆、赤小豆、芝麻、高粱等。

水稻是邓屋村的主要粮食作物。过去埔田地区稻谷生产不稳定，"三荒四月青黄不接"，农民因此选用早熟的水稻，品种称为"地禾"，在农历二月旱地播种，农历五月下旬收割。尽管生产效益较低，但勉强可以缓解饥荒。[2]新中国成立后，东莞开始将单造田改为双造田，推广水稻矮秆良种、小科密植、冬种绿肥和潮汕经验等。通过开展农田基本建设，改善生产条件，采用优良农作物品种，农业生产抵御自然灾害的能力得到提高[3]。邓屋村经土地改良和兴修水利，大量埔田也达到种植双季稻的条件。水稻生产在20世纪50年代中期开始居于主导地位，旱地种植逐渐被淘汰。80年代，在各地推广杂交水稻成功种植经验的背景下，邓屋村也开始种植杂交水稻，生产水平进一步获得提升。

邓屋村历史上还曾种植小麦，但小麦生长期长，且消耗地力，土地肥料难以跟上，导致水稻产量也受到影响，综合比较经济效益之后，80年代已少有人种植小麦。

除水稻和小麦，其他粮食作物均称为杂粮，杂粮种于旱坡地上，故又称旱粮。其中，薯类

---

① 广东省东莞市农业志编写组. 东莞市农业志 [M]. 广州：广东人民出版社，1989：106-107.
② 中共桥头镇委员会，桥头镇人民政府. 东莞市桥头镇志 [M]. 广州：岭南美术出版社，2006：115.
③ 广东省东莞市农业志编写组. 东莞市农业志 [M]. 广州：广东人民出版社，1989：111-116.

是东莞地区种植面积最大、产量最高、种植时间最长的一类杂粮，主要包括番薯、马铃薯、木薯。秋种番薯曾是新中国成立前当地农民度春荒的主要口粮。据《东莞县志》（1911年）引述《凤岗陈氏族谱》称，番薯是在明万历庚辰年（1580年）自越南引入的。《东莞县志》（1689年）记载："河田一带，前面大洋，后倚峻岭，民习鱼盐，亦勤稼穑。甘薯、山蔗，动连千顷。"种植最多的时候，如1960年、1961年，超过20万亩，之后又逐渐减少，每年不超过10万亩。马铃薯冬种春收，不影响水稻种植，在新中国成立前已有种植，种植规模不稳定。邓屋村的旱地种植面积占粮食7%~10%，亩产低，总产值不大。本村的杂粮就主要种于丘陵旱地，四季可种，以秋种春收为多。木薯是村里的主要粮食作物之一，新中国成立前种植较少，新中国成立后开始大量种植。由于木薯耐旱耐瘠粗生易种，产量较高，又可利用行间间种花生和豆科作物，所以农民乐意种植。粟类种植主要分布在东莞的丘陵和山乡地区，有玉米、高粱、粟（小米），多是整地种植，亦有间种于其他作物畦间，分散种植的形式。邓屋村在新中国成立后也曾种植玉米，不过规模较小。红豆和绿豆作为传统种植豆类，春种夏收，分次收获，随熟随收，自种自食[1]。

4.4.2 油、糖、麻料

邓屋村曾经种植的油料作物有花生、油菜和芝麻，主要用于榨油。近代以来这三种作物在东莞地区的种植范围广泛。新中国成立前，花生种植品种较为单一，以蔓生型的"爬豆"为主。新中国成立后，油料作物生产规模扩大，1979年东莞实施100斤花生可抵250斤粮食指标的政策，各地乡村的花生生产在政策鼓励下迅速发展，种植业结构得到调整。东莞市内的埔田、丘陵、山乡片区积极扩大花生种植面积，原本没有花生种植传统的水乡及沿海片区也开始进行花生水稻轮作。1980年后主要品种达到七八种之多，有粤油551、粤油116、汕油27等。[2]

东莞栽种的糖料作物主要为甘蔗，甘蔗在东莞栽培历史悠久，蔗产遍及全市。邓屋村种植的甘蔗品种包括糖蔗和果蔗两种，以糖蔗种植为主。近代时期由于外国洋糖大量在中国市场倾销，邓屋及其周边地区的糖蔗产业受到冲击，蔗地减少、糖寮倒闭。新中国成立后，糖作物生产得到恢复，尽管几经波动，经历过下跌，但当地的糖产量总体可观。后因水果产业发展，本地区的柑橘等水果作物逐渐替代了甘蔗种植。

黄麻是东莞地区主要的纤维作物，种植面积大，所以东莞是全省的主要麻区之一。《广东通志》（1935年）称："东莞麻为九、十区大宗产品，多种旱地，每亩收麻皮约百斤左右。"老麻区主要分布在水乡及丘陵地区。20世纪70年代开始，黄麻向沿海、埔田和山乡地区推广。桥头镇成为黄麻种植新区之一，邓屋村各家各户多少都会栽植一些，用于加工制作麻绳。传统

① 东莞市农业志编纂委员会．东莞市农业志［M］．广州：广东人民出版社，2014：113-116．
② 东莞市农业志编纂委员会．东莞市农业志［M］．广州：广东人民出版社，2014：124-125．

的黄麻留种方法是在收获的季节选取优良植株，移植到田边让其继续生长，开花、结果后收取种子。即插梢留种法，在"立秋"前从大田麻选取约25厘米长的麻梢，寄插于稻田行间，待产生新根时进行移植，施足肥料，促其重新生长，"小雪"后收获，种子饱满。另有迟播留种，即"立秋"前播种，"小雪"左右收获种子，籽粒大，亩产量可达150斤。[①]

4.4.3 巧种蔬菜

据《东莞县志》（1911年）载，当地蔬菜种类甚为多样，有丝瓜、节瓜、苦瓜、白菜、芥菜、薯、姜、芋等约62种（图4.4.1）。农村家家户户的房前屋后，大都被利用起来，种植各类蔬菜。这些边角地带，成为村民自给自足，巧妙生产的典型空间。

邓屋村主要的蔬菜种植品种有：瓜类，如节瓜、冬瓜、丝瓜、苦瓜、白瓜、黄瓜、葫芦瓜、南瓜（图4.4.2）、白苦瓜；白菜类，如白菜、菜心、大白菜；甘蓝类，如椰菜、芥蓝、芥蓝头、花椰菜；根菜类，如萝白、红萝白、芜青；芥菜类，如南风芥菜、元朗芥菜、潮州大芥菜；茄果类，如茄子、番茄、辣椒；豆类，如豇豆、豌豆、菜豆；绿叶菜类，如莴苣、芹菜、枸杞、莙达菜、菠菜、蕹菜、苋菜、茼蒿、芫荽；葱蒜类，如韭菜、红葱、大蒜、荞、洋葱；薯芋类，如薯、芋、姜、马铃薯、沙葛；水生蔬菜，如莲藕、马蹄、慈菇、西洋菜；以及食用菌类[②]。

改革开放前，农民种植蔬菜主要是自给自足，少量剩余会推向市场售卖。1980年代开始出现蔬菜种植专业户，规模化种植一些常见蔬菜品种。邓屋村的"边园芥菜"在桥头镇一带最为出名。芥菜属于十字花科，芸苔属一年生草本植物，在全国各地广泛栽培。《本草求真》介绍："芥菜性辛温，凡属阴湿内壅而见痰气闭塞者，服此痰无不除，若脏素不寒，只因偶受风寒，湿而气不得宜通，初服得此稍快。"芥菜有辛温除病的功能，因此有"十月火归脏，不离芥菜汤"

图4.4.1　芋（来源：调研团队摄）

图4.4.2　南瓜（来源：调研团队摄）

---

① 广东省东莞市农业志编写组. 东莞市农业志［M］. 广州：广东人民出版社，1989：127-129.
② 广东省东莞市农业志编写组. 东莞市农业志［M］. 广州：广东人民出版社，1989：141-143.

之说法。可以说，芥菜的浑身都是宝，其茎叶可以盐腌或清炒、煮汤供食用。种子及全草供药用，有化痰平喘、消肿止痛的功效。种子磨粉后成为调味料芥末或用于榨油，制作"芥子油"。①

4.4.4 务实种果

从地理条件来看，邓屋村所处区域地壳相对稳定，由于长期受流水侵蚀、物理风化等影响，形成丘陵和岗地形态，其中岗地的地形起伏介于丘陵和平原之间，为低丘缓坡。这些丘陵、岗山正是邓屋村最主要的水果种植区。

图4.4.3 龙眼（来源：调研团队摄）

从东莞历史上的水果种植情况来看，本地种植的水果有蔗、蕉、荔枝、龙眼、橄榄、柑橘、番荔枝、菠萝、黄皮、柿、番石榴等品种（图4.4.3）。邓屋村的水果种植，经历了从单一品种零星种植，到品种多样化、产业化种植的发展过程。

20世纪50年代以前，人们大多在自家房前屋后或农田周边少量种植一些果树，品种单一，以荔枝为主，偶见龙眼，尚未形成规模。在60年代，桥头镇开始推广水果种植并组织干部到外地学习经验。桥头的不少村庄兴起了果树种植的高潮，邓屋村作为代表之一，总面积一度达到2000多亩。在这一时期大规模的果树种植实践中，人们仍然选择了荔枝这一本地化程度高的水果品种。

70年代中后期，桥头镇推广试种橙、柑、桔，单一的水果种植格局逐步改变，且多样水果种植的面积快速增长，全镇达到5000多亩。以改革开放以来水果市场改革为契机，当地兴起新一轮的果树种植高潮，水果品种更加丰富，产量大幅提升，大量水果进入市场，呈现出购销两旺的繁荣局面。

80年代中期开始，桥头镇调整农业布局，各村种植的荔枝、橙、柑、橘不同程度扩大规模。全镇水果种植面积一度超过1.7万亩，总产量达到2000吨，经济收入占农业总产值的四成。柑橘种植规模在全镇快速扩张的同时，难免令人产生滞销的担忧。因此邓屋村通过多种经营，一方面种植了多品种的荔枝，如槐枝、糯米糍、黑叶、三月红、妃子笑、桂味等；另一方面也种植了柑橘、红橙，包括橙柑、蕉柑等品种，较为有效地避免了产量集中而带来的销售问题。②

20世纪90年代后，东莞发展高产、高质、高效的"三高"农业，推进农业产业化。2000年，

---

① 中共桥头镇委员会，桥头镇人民政府.东莞市桥头镇志［M］.广州：岭南美术出版社，2006：123.
② 中共桥头镇委员会，桥头镇人民政府.东莞市桥头镇志［M］.广州：岭南美术出版社，2006：119-120.

桥头镇七大"三高"农业基地之一的金桦农场，承包邓屋村500亩埔田种植水果，并引进了台湾莲雾、青枣、夏威夷木瓜等新的水果品种。经过市场推广，青枣成为当时桥头镇水果业的当家品种[①]。

邓屋村的水果种植业经历了这样几个历史阶段的发展，为地方农业经济建设作出巨大贡献，同时也形成了富有中国南方地域特色的农业景观。

丘陵、山岗一带，是邓屋村盛产水果的地方。红橙、荔枝和橄榄作为邓屋最出名的水果，分别在坟前岭、黄麻岭等处形成了特色果木景观。邓屋村坟前岭一带于1985年规模化种植了红橙。在春季，满山橙花香；到了丰收的季节，则又满是橙红一片，甚是热闹。红橙一年一熟，每年的11月份开始采收，盛产年亩产可达2500多公斤[②]。红橙外形端正，果皮带有油质，表面金黄，光洁鲜亮，其果肉色泽橙红，清甜可口，深受市场欢迎。

榄树属于热带亚热带常绿果树，忌冻喜暖，对于水土条件的适应性强。土层深厚沙质土壤较为理想，但在红黄土壤的山坡，抑或水流冲积的地带也可种植成活。邓屋所产的橄榄有乌榄和白榄。乌榄的果实产量较高，病虫害少，人工管理成本低，特别适合农民采收售卖。在历史上，邓屋村曾大量种植乌榄，直到2002年，邓屋村还种植有乌榄老树约100株，其中的竹丝榄，可谓乌榄中的上品。其肉质呈青黄色，呈纤维丝状，入口芳香。一两粒乌榄，往往就成了美食制作中提香提味的关键角色，人们不仅用其煲汤，还制成榄角用于蒸鱼调味。可惜的是，伴随着乡村经济结构调整，如今村里已经不再种植乌榄。邓屋村也种植了白榄，如今在黄麻岭的"天桥"旁仍然保留有一棵白榄老树，枝繁叶茂（图4.4.4）。白榄的果实身长，肉质脆爽，入口回甘，回味无穷。秋天是白榄成熟收获的季节，人们把白榄制成糖水，俗称"白榄冲冰糖"，民间还有巧手的师傅把白榄泡制成甘草榄、辣椒榄、和顺榄、咸榄等各种不同口味，装在箱子里走街串巷，沿街叫卖，深得男女老少的欢迎。[③]

邓屋村的自然条件存在各种各样的局限性，但是务实勤恳的邓屋人凭着自己的努力，一点点将土地资源改造利用，使之成为丰产的田园、山林景观。不论是边园的芥菜、黄麻岭的荔枝、橄榄，还是坟前岭的红橙，都把自己独特的形象和风味流传下来，沉淀为一代代邓屋人对家乡景观的美好记忆。

图4.4.4　白榄（来源：调研团队摄）

① 中共桥头镇委员会，桥头镇人民政府. 东莞市桥头镇志［M］. 广州：岭南美术出版社，2006：120.
② 莫树材. 邓屋的故事［M］. 东莞：东印印刷有限公司，2006：122.
③ 中共桥头镇委员会，桥头镇人民政府. 东莞市桥头镇志［M］. 广州：岭南美术出版社，2006：125-126.

5

乡俗：

民俗民艺，异彩纷呈

5.1 传统民俗

5.1.1 卖懒年卅晚，迎春闹元宵

　　春节前的除夕，也即年三十，可谓是民间一年中最为"忙碌"的一天了。白天，各家各户的持家主妇陆续前往本村的祠堂、庙宇，添香供奉，虔诚行礼；晚上，家人们围坐团聚，共享早早准备的丰盛晚餐。时下邓屋外出工作的人多了，但每逢过年，仍然会想方设法返回家乡，与亲人们吃"团年饭"，席间少不了汤圆，寓意团团圆圆，家庭和美。

　　邓屋村的家家户户已经贴好春联，火红的崭新春联烘托出一年之中最为隆重、热烈、喜庆、欢乐的节日气氛。传统的春联多由擅长毛笔书法的村民题写，如今市场上增添了印刷厂制作的春联印刷品，人们的选择也多了。每逢腊月时节，桥头墟满眼望去挂满红红火火的春联，伴随着喜迎新春的歌谣音乐，早早呈现出浓浓的年味。近年来优秀传统文化复兴，桥头镇曾多次组织书法名家、书法爱好者进行现场题写赠送春联活动，还吸引了各村中小学生参与其中，尽管孩子们笔法朴拙，但拓展了书法的传播和影响，也给村民们带来许多乐趣。[①]

　　邓屋村还传承了东莞本地一项特别有趣的、有着悠久历史的民间习俗，称为"卖懒"。《东莞县志》（民国版）载曰："除夕祀先祠，食蚬，小儿持熟鸭卵行且呼曰：卖冷。"此处"卖冷"为口音表达，表意实为"卖懒"。[②]

　　除夕，村里的少年儿童结伴而行，吟诵着口口相传的传统"卖懒"歌谣："卖懒去，等齐来，今晚人人来卖懒，明朝早早拜新年，拜了新年尝大吉，尝了大吉尝银钱！""卖懒！卖懒！卖到年卅晚，人懒我唔懒！""卖懒仔，卖懒儿，卖得早，卖俾广西王大嫂；卖得迟，卖俾广西王大姨。""卖懒仔，卖懒儿呀，卖俾广西黄大姨呀；今日齐齐来卖懒呀，醒朝清早做新年呀。""男人卖懒勤书卷呀，女人卖懒绣花枝呀；醒日做年添一岁呀，从此勤劳唔似旧日呀。"[③]这一习俗意味着把"懒惰"给"卖"掉，寄托了大人们的希望，在新的一年里，孩子们能够勤快、努力、上进。

　　"烧爆竹、换桃符，至夜，长幼围炉守岁"，到了深夜，人们不寐"守岁"，自"交子"时分，燃放爆竹，辞旧迎新。农历正月初一，包括初一以后正月数日，俗称过年。邓屋村过年乡

① 莫树材.桥头故事［M］.东莞：大兴印刷有限公司，2018：6-7.
② 有关"卖冷"，屈大均在《广东新语事语》中记载："岁除祭日送年，以灰画弓矢于道谢崇，以苏木染鸡子食，以火照明，曰卖冷。"二者应有所不同。
③ 东莞群众艺术馆.东莞民间歌曲集成［M］.广州：广东省出版集团花城出版社，2009，6：301-303.

俗与其他地方类似。《广东省东莞市志（1995年版）》《东莞市桥头镇志》、微信公众号《悦读桥头》对此也有详细的记录：

初一，人们穿戴新衣，浑身上下焕然一新，见面即互道祝福，父母携家中子女给长辈拜年，长辈则给小孩们派送红包压岁钱，粤语里称为"利是"。家中厅堂的大桌上摆满供品，点燃香、烛。屋里屋外摆放着除夕从花市购回的鲜花、金橘，显示出浓浓的春意。初一中午一些家庭选择吃斋菜，会特别制作一道以粉丝、腐竹、发菜、冬菇等为原料的"罗汉斋"。

初二，开年。习俗回娘家，即女儿、女婿携外孙到岳父母家中拜年。

初五，迎财神。传说正月初五是"财神"生日，人们当天一早燃放鞭炮、供奉祭祀；商家也多选择在这一天开业，宴席菜肴有发菜、蚝豉、生菜、生鲤等，取其字面谐音，寓意新的一年发达生财、生意兴隆。

初七，人日。早餐丰盛，家筵庆贺"人的生日"。

整个正月里，人们不仅探亲访友，还参加东莞各地的迎春巡游活动。几乎每天在不同的村镇都可以看到欢度春节的活动，如舞狮、舞麒麟、飘色、演戏、杂耍、体育竞赛等。直至正月十五元宵节，也即"上元节""灯节"，家家户户吃汤圆，东莞各村会选择在正月不同的日子开灯，在正月十五结灯。农民以此作为开始春耕前举行的盛大仪式，年复一年地通过巡游活动祈求风调雨顺、国泰民安。如今各地增加了更加丰富的文艺节目，传统民俗增添了现代文艺色彩。

邓屋村在春节期间多邀请醒狮队前来助兴庆贺。舞狮所用狮头，以竹编做骨架，塑面彩绘、绒布，饰以眼、耳、角、须，塑造成为几种不同的造型。舞狮队需要经过长久训练，人员才能配合默契。"狮子"由二人分饰狮头、狮身，另有一人头戴面具饰演"大头佛"领队戏狮。舞狮锣鼓配乐富有节奏韵律，舞狮动作套路繁多，体现出广府民间舞蹈、武术的底色，有"狮子出洞""窥测方向""欢天喜地""狮子滚球""狮子采青"等，其中"狮子采青"又分解为"见青""惊青""碎青""散青""饮水""吐球"等成套动作。春节期间，醒狮队走街串巷，在一些商家门口舞狮"拜门"叩"利是"，商家也乐得图个喜庆吉利，大伙热闹一番（图5.1.1～图5.1.5）。[①]平日里，人们每逢节庆喜事，也多以舞狮助兴，如工程奠基或剪彩、新屋落成及乔迁入伙、商店或企业开张营业，新兵入伍等。

广府地区在春节、端午这样的重大节日

图5.1.1　舞狮1（来源：桥头镇文化服务中心提供）

① 莫树材. 桥头风情录［M］. 香港：中华文化出版社，1993：38-42.

图5.1.2　舞狮2（来源：桥头镇文化服务中心提供）

图5.1.3　舞狮3（来源：桥头镇文化服务中心提供）

图5.1.4　舞狮4（来源：桥头镇文化服务中心提供）

图5.1.5　舞狮5（来源：桥头镇文化服务中心提供）

期间，具有血缘关系的同姓宗亲村落会在节日期间以民俗活动的形式相互拜访，这种互访不是个体家庭之间的活动，而是反映村与村之间文化联系与认同的交流活动，邓屋村与桥头镇乃至东莞其他镇村之间同样保持了类似的互访传统。

5.1.2　採灯饮丁酒，子孙满堂彩

民间风俗讲的"採灯""开灯""点灯""饮丁酒"，是指东莞各地人们家里生了男丁，在春节期间择日到本村祠堂挂灯、祭祀的仪式，丁与灯同音，故以灯表义。"开灯"的具体时日，各村镇不同姓氏均有自己的乡俗约定，"结灯"则定在正月十五。

邓屋村的"开灯"定在正月初四举行，每年这个时候，上一年家中出生了男丁的家庭，就会由父亲到桥头墟一带的市场采购开灯仪式用品，即进行"採灯"。这些用品称为"灯货"，包括了灯笼、灯公、禾碌灯、灯盏、香芹、葱和大橘等。父亲挑着一担两个箩筐，里面放着寓意"陆续添丁"的6个"灯公"，以及其他"灯货"返回村中。小孩的外婆则备好一对禾碌灯（花灯）、衣服鞋帽和玩具前来祝贺，前来饮丁酒的乡亲按俗以"利是"道贺，当天村中燃

放鞭炮，敲锣打鼓，热热闹闹进行庆祝。仪式后，筵席宴请宗亲兄弟饮丁酒，分享添子之喜，也表达对新生儿的美好祝愿（图5.1.6～图5.1.8）。

灯联有曰：

灯花报喜家兴旺，桂子呈祥福满堂。

大家共饮添丁酒，终夜同猜闹兴致[①]。

图5.1.6 採灯1（来源：桥头镇文化服务中心提供）

图5.1.7 採灯2（来源：桥头镇文化服务中心提供）

图5.1.8 灯货（来源：桥头镇文化服务中心提供）

5.1.3 寒食节祭祀，清明葵扇开

清明是农历二十四节气之一，也是传统节日。自古以来人们在这天祭祀祖先，因过去的先人墓葬多在郊区的丘陵山岗，因此广府人称扫墓祭祖为"拜山"，东莞人还称为"挂纸"。古诗有云："帝里重清明，人心自愁思。车声上路合，柳色东城翠。花落草齐生，莺飞蝶双戏。空堂坐相忆，酌茗聊代醉。"在《东莞县志》（民国版）记载，"清明日插柳于门祭先墓挂纸，游者登黄岭谓之踏青"，黄岭即现在的大岭山。祭祖活动在20世纪80年代复兴，远在外地谋生的乡亲多在这天返乡，全家老少结伴同去拜山踏青。学校、企事业单位也多组织集体吊祭先烈的活动。

桥头镇各村祭祖，不仅限于清明，重阳节这天也很隆重。人们事先准备好烧猪、鸡、鹅，还有本地小吃"红团"，寓意鸿富；以及"白饼"，寓意清清白白。购置清明扇的风俗也很有

① 莫树材. 桥头故事［M］. 东莞：大兴印刷有限公司，2018：8-9.

地方特色，清明前，各家各户在门口挂好一两把葵扇，据说有挡煞、辟邪之效[1]。

5.1.4 浓浓端午情，游龙包粽时

农历五月初五端午节，因纪念战国时期楚国的诗人屈原而产生。据《东莞桥头镇志》记载，端午节本地最重要的传统活动莫过于包粽子和赛龙舟，也称裹粽和龙舟景。

在邓屋，端午前几日人们就已经开始操持准备和制作裹粽、蒸糕等。裹粽使用的粽叶为大竹叶和龙剑叶，叶面宽大，粽子出锅后清香飘溢，"粽"味十足。因馅料和工艺的不同，有以肥猪肉、咸蛋黄、绿豆、糯米等为原料的咸粽，似三角体，象形取义"驼背粽"名之；也有碱水泡糯米做成的"甜粽"，俗称"碱水粽"，条状包裹，以苏木固定形态（图5.1.9 ~图5.1.12）。咸粽充满肉味咸香，甜粽清淡鲜香。

图5.1.9 包粽子（来源：桥头镇文化服务中心提供）

图5.1.10 煮粽子（来源：桥头镇文化服务中心提供）

图5.1.11 驼背粽（来源：桥头镇文化服务中心提供）

图5.1.12 碱水粽（来源：桥头镇文化服务中心提供）

---

[1] 莫树材. 桥头故事［M］. 东莞：大兴印刷有限公司，2018：18-19.

端午时节的龙舟景在岭南水乡地区十分盛大、隆重和普遍（图5.1.13）。邓屋与东莞的其他许多村落一样，也曾有自己的龙舟队，参与镇上端午期间的赛龙舟、宗亲互访活动，只是近年没再参与或组织过。不过，端午这天还是妇女回娘家的日子，俗称"探节"，随身带回娘家的礼物篮子里，自己包的粽子必然少不了。

图5.1.13　赛龙舟（来源：桥头镇文化服务中心提供）

还有一些中原地区普遍流传的习俗，以简化或演化的形式呈现出来。如在家宅大门口插几束菖蒲与艾叶，趋避瘟邪，再如佩香囊，同样是驱虫避瘟，还有妆点服饰的作用。香囊为布袋，或是以硬纸制作塑形，表面以锦线、绸布包裹，内里填充芳香开窍的中草药，如苍术、藿香、吴茱萸、艾叶、肉桂、砂仁、雄黄、冰片、樟脑等，清香四溢。香袋小巧玲珑，形态多样，象形葫芦、菱角、寿桃、宫灯、粽子。五色丝线编织成索，将大大小小的香袋串起来，佩戴在小孩的胸前、腰际等处。当代的"香囊"内里药材被化纤棉替代，表面编织的制作工艺也机械化、简化了。

5.1.5　七夕节赛巧，同饮七姐水

农历七月初七为七姐诞、乞巧节，传说是牛郎织女鹊桥相会的日子，因此也称为中国的传统情人节。这一天还是民间姑娘们的节日，她们自行制作或购买精巧的蜡像、刺绣等工艺品，并采集花卉、水果供于案桌，鼓乐声中，行七姐礼，希望"得到"聪明才智，变得心灵手巧，故称"乞巧"。在广府地区还盛行"斗巧""赛巧"，广州、东莞的一些村子中，姑娘们将精心制作的精美工艺品摆放一起，齐聚一堂，琳琅满目，争奇斗艳，"比拼"女工技艺。

现在乞巧节的活动在邓屋已没有过去那么隆重，但饮"七姐水"清热解毒，祛湿消暑的习俗依然保留下来。

浸泡制作"七姐水"的主要原材料是冬瓜或者南瓜。将南瓜或者冬瓜清洗干净，切块浸泡在水缸里，放在阴凉地方封存一段时间之后，把水滤净后存放即制成"七姐水"。民间认为存放好的纯正"七姐水"清热解毒，祛湿消暑，若佐以金银草、菊花，更好似凉茶一般，因此每年自制存放一些，作为茶饮（图5.1.14）。

图5.1.14　制作"七姐水"（来源：桥头镇文化服务中心提供）

5.1.6 同贺中秋月，祈福送灯秋

《东莞县志》（民国版）记载，"中秋夜具酒饼糖芋为会谓之赏月，儿童点灯柚上，踏歌曰：洒乐仔，洒乐儿，无咋糜言当快乐，无徒契饭也"，农历八月十五，在传统佳节中秋节，桥头镇"送中秋""游耍碌""担灯笼"的习俗传统可谓由来已久。

初入农历八月，从八月初一开始，人们便早早忙碌着开始准备"送灯秋"了。"送灯秋"是桥头镇大部分村子的习俗，由长辈向后辈赠送礼品庆贺节日。俗语讲"外婆送中秋，外孙担灯笼"，即外婆、舅舅、舅妈赠送礼物，有禾碌（即柚子）、肉食、鱼丸、香蕉、柿子、花生、菱角、芋头以及玩具和首饰等，当然其中必然少不了月饼和灯笼。月饼象征团团圆圆，传统的"灯彩"灯笼，是民间手艺人用竹篾和彩纸扎制而成，内部放置蜡烛作为照明光源（图5.1.15、图5.1.16）。"禾碌"柚子谐音取义，表达家庭和睦之意。柚子吃完，还可以"耍碌仔"，即用竹篾做骨架，撑起柚子皮，表面穿孔洞，安装蜡烛，便做成了禾碌灯，俗称"耍碌仔"。巧手的家长会加工出各种花式的"禾碌"灯笼，别有一番风味（图5.1.17）。中秋当晚，家人们济济一堂，团团圆圆，品尝美食，赏月畅谈。民间习俗还会进行"拜月亮"仪式。老人们选择在户外露天的一处庭院空地，或是在自家阳台，面对月亮，摆放一桌子的月饼、芋头、花生、菱角、柚子、柿子、茶、酒等贡品，点起香烛，挂起灯笼，以此来"拜月亮"，也称"拜月光"（图5.1.18、图5.1.19）。小孩子则和小伙伴们一起，三五成群，提着各式灯笼外出游玩，称为"游耍碌"，唱诵耍碌歌、儿歌，类似"游园游耍碌，添油添蜡烛，赚钱赚满屋"[①]，好不热闹。古代流传的耍睦（音"碌"）歌，道出了旧时人们生活的艰辛冷暖，也传达了"为人不敬爷和母，枉去添香拜庙堂"这样的朴素孝亲观念。

图5.1.15 传统竹扎纸灯彩1（来源：桥头镇文化服务中心提供）

图5.1.16 传统竹扎纸灯彩2（来源：桥头镇文化服务中心提供）

---

① 莫树材. 桥头故事［M］. 东莞：大兴印刷有限公司，2018：26-27.

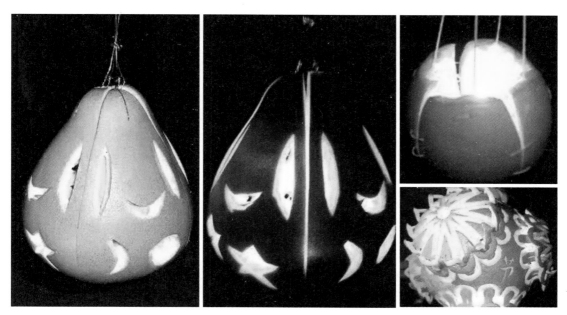

图5.1.17 利用柚子皮制作的"禾碌"灯笼（来源：桥头镇文化服务中心提供）

图5.1.18 拜月亮1（来源：桥头镇文化服务中心提供）

图5.1.19 拜月亮2（来源：桥头镇文化服
务中心提供）

耍睦（音"碌"）歌①

耍睦仔，耍睦儿，

八月十五是中秋，有人快乐有人愁；

有人筲箕剩冷饭，有人抵饿路边跛；

有人衣裳四季穿唔尽，有人衣衫褴褛过春秋；

有人高楼大厦睇世界，有人祠边庙角假风流；

① 中共桥头镇委员会，桥头镇人民政府. 东莞市桥头镇志［M］. 广州：岭南美术出版社，2006：207.

有人衣锦荣归摆酒宴，有人蔽帽遮面过市头。

耍睦儿，耍睦儿，

敬爷敬母知天地，敬神敬佛一炉香。

为人不敬爷和母，枉去添香拜庙堂。

5.1.7 九九重阳节，登高念古今

"中秋过后又重阳"，农历九月初九，是中国传统的重阳节，又称重九节、晒秋节、"踏秋"。《东莞县志》（民国版）记载，"重阳拜先祖如清明节"。重阳作为我国传统四大祭祖节日之一，在东莞各地备受重视，各家各族的成员，大都在这天从各地赶回家乡"拜山"，也称"拜太公山"。桥头俗话："三月清明九月九，先生唔走学生走。"传统的习俗，会准备鲜花、三牲、茶酒等，俗语讲"太公分猪肉"，是指祭拜祖先活动中，以"金猪"（即烧猪）祭祖的习俗。清明、重阳时节，各村以家族为单位，子孙们扛着金猪，登山扫墓祭祖。近年来祭品、仪式流程简化，但烧猪仍然在市场上供不应求。在桥头，重阳拜山还有地方特色"红团""白饼"等不可或缺的小食，分别寓意"洪福""清白"，有的"红团"上面还捏个"鹅仔"。祭祖活动结束后，经过"分猪肉"，祭品按家庭分好后带回家中分享。

"九九重阳"的"九九"谐音"久久"，由此延伸出尊老敬老的新民俗活动。我国在2012年，法律明确了每年农历九月初九同时为"老年节"。重阳节民俗活动也更加丰富，人们度过重阳节，还会选择在周边郊游赏景、登高远眺。

5.1.8 寒天冬至聚，温情一家人

冬至是农历二十四节气之一，也是中华民族的一个传统节日。这一天的白昼时间最短，此后渐长。冬至是"数九"寒冷天气的开始，冬至之后不久，春天就将来临，故有"天时人事日相催，冬至阳生春又来""冬至阳生，日轨初长"之说。

与岭南地区各村镇一样，桥头邓屋的"冬至"习俗活动隆重，有"冬至大过年"之说。不仅有传统的祭祖仪式等冬祭活动，出嫁的妇女还要携冬团、猪肉、肥鸡、大橘、饼干、糖果等回娘家探望父母，俗称"拜冬"。

冬至少不了"做冬吃团"，桥头镇人们在当天团聚吃本地特色的红团，既甜蜜又象征团圆，以及咸丸、汤圆、饺子等。

5.1.9 腊月廿四日，送灶保平安

小年一到，意味着辞旧迎新的春节即将临近，人们开始忙前忙后地置办年货，"扫尘"打

扫房屋，除旧迎新，为过年做好准备。而"祭灶"就是其中一项重要的仪式环节。在民间，人们有俗语讲小年的日子是"官三民四船五"，意即，官家的小年是腊月二十三，百姓家的是腊月二十四，而水上人家则是腊月二十五，可见在何日过小年存在着差异。这种变化事实上源于清代中后期，当时由于帝王举行祭灶仪式提前了一天，北方地区百姓便也效仿在腊月二十三过"小年"，而南方大部分地区至今仍然延续在腊月二十四过"小年"的传统。

每年腊月廿四日夜晚，爆竹声声，这便是家家户户在送"灶君老爷""上天"了，这一民俗仪式活动称为"谢灶""送灶"或"祭灶"。我国北方地区的习俗会供奉糖瓜、糕点，在桥头镇，人们会备好茶、片糖、红包利是、清水、烧猪肉，还有三杯烧酒作为贡品，隆重的做法还会准备纸扎的"轿马"，或带蔗尾的甘蔗作"天梯"，为灶君"上天"提供方便。

"古传腊月二十四，灶君朝天欲言事。"为此，人们同时书写"灶疏"，请灶君"携带"着"上天奏好事，下界保平安"，现在的灶疏已经是在市场可以购买的印刷品形式。准备得当，人们把灶上旧的"灶君神位"撕下来，与灶疏、纸扎等一同燃烧后，燃放鞭炮。待到除夕，"请"回新的灶君神位贴好，意味着"接"了灶君回来，共同迎接农历新年的到来。

烧"灶疏"与摆放"糖"的目的是一样的，希望灶君尝到甜头，甚或被糖"糊"住了嘴，在"上天"汇报时候要么多讲好话，少议是非，要么干脆少讲一些、甚或讲不了话，以保自家来年幸福。所谓民以食为天，在古代社会，人们靠天吃饭，自己的心理寄托往往体现在类似的节庆仪式中，小年、春节，是意味着辞旧迎新、生产轮回的重要时间节点，因此产生了官、民送灶这样的习俗。事实上，现在的送灶程序已经简化了许多，民间俗语"快过烧灶疏"就是比喻人们做事够快[①]。

5.2 传统竹织

5.2.1 桥头竹篮密如桶，竹织技艺邓屋传

桥头竹织、道滘草织、莞城炮仗号称是东莞民间的"三件宝"。东江河畔的地方盛产竹子，于是桥头镇的百姓从生产生活实际需求出发，发挥了劳动者的聪明才智，就地取材，编织出各种各样的竹编器物、器具。

桥头竹编的器物有凉帽、竹笠、谷箩、竹篮、谷围、米筛、竹窝等。民间有"桥头竹篮密

① 莫树材.桥头故事［M］.东莞：大兴印刷有限公司，2018：28-29.

图5.2.1 竹篮1（来源：调研团队摄）　　　　图5.2.2 竹篮2（来源：调研团队摄）

如桶"的说法，形容桥头本地的竹织师傅手艺精湛细腻，将竹编多层叠加并做封边处理，纹理精细、密实，以至于竹篮成品像可以盛水的桶一样了（图5.2.1）。

竹器编织采用的竹篾除了本色以外，还有红色、绿色等多种颜色，因此可以编织形成红绿相间的彩色图案，如在竹篮的盖子上编出双"喜"字，使之成为当地人婚嫁仪式的必备物件（图5.2.2）。古代桥头曾有一套繁冗的婚嫁程式，在现代社会已在很大程度上被简化。尽管如此，在邓屋村很多人家还是比较看重其中的一些仪式环节，并有所保留。婚礼当日，男方女方会使用从桥头墟购置的、具有不同象征含义的器具，迎娶媳妇进村，从坤元门，也即村子的南门楼进入。早些年还保持着祠堂宴请宾客传统，村委新食堂建好后，便转移了场地，有些人家则会选择去城镇的酒楼举办宴席。其中男方和女方分别采购使用的竹器就有竹篮、凉帽、席等（图5.2.3、图5.2.4）。

图5.2.3 女方婚礼采购礼单　图5.2.4 男方婚礼采购礼单
（来源：调研团队摄）　　（来源：调研团队摄）

除了这些生产生活器具，节庆活动中常见的纸灯笼，也使用了竹编做骨架。制作灯笼的过程繁复，需进行竹编、收口、吊样、裱糊、晒干、过浆、再晒干、写字和过漆等多重工序完成。

曾几何时，桥头镇曾经有大量从事竹织、手工凉帽制作营生的手工艺者。几十年前，桥头墟的老街上一度汇集了几十上百家竹器店，桥头墟还曾成立"竹器社"。但时至今日，桥头墟的街头，这样的作坊店面和竹器店已寥寥无几。竹织行业已成为少数从业者坚持的"非遗"产品，来自邓屋村的非遗项目传承人邓佰稳，自小随父亲学艺，掌握了织凉帽和斗谷篮的技艺，从业数十年至今。他在邓屋村经营了一处竹织工坊，传授技艺给"徒弟"们进行编织生产。事实上，尽管竹器店越来越少，远近各地人们对凉帽、竹篮这样的传统物件却仍然保留着使用的热情。"稳记"竹器的凉帽、竹篮成了行销本地，乃至外地的特色手工艺产品。

5.2.2 竹篾布线精工织，造就凉帽话东坡

凉帽，又叫苏公笠，由帽簿、帽帘、帽穗组成，黑色的帽帘自然地围着帽檐垂下来。东莞桥头毗邻惠州博罗、惠阳，凉帽的制作和使用在三地都曾较为普遍。

之所以叫苏公笠，是因为凉帽的诞生有个悠久的传说：苏东坡夫妇来到岭南惠州的时候，两人感情深厚，相敬如宾。尽管以"日啖荔枝三百颗，不辞长作岭南人"的精神态度生活，但苏东坡毕竟上了年纪，生活起居都有赖陪伴身边的王朝云悉心侍奉。而苏东坡亲历岭南地区的劳作日晒，便想办法设计制作凉帽，给夫人抵挡酷热。凉帽顶端开孔，方便妇女戴在头上时候将发髻顶出，如此一来，凉帽便在惠州一带的妇女中流传开来。

桥头镇的凉帽形成了自己的特点，编织的花式变化，有"满天星""禾围花""福禄满堂""风调雨顺""喜气洋洋""福禄双喜"等各种不同的款式花样。从制作工艺来看，做凉帽的原料竹子，一般为来自博罗、惠阳的黄竹，需经过去毛皮、打竹青、扫绿粉的处理，将其劈、切、削加工成竹块、竹篾和竹绳，方能用于编织凉帽。编织制作过程有十二道工序，除竹织以外，还需包、缝百褶的帽帘。凉帽不仅遮阳还防雨，因此表面涂抹了防水桐油。

在桥头镇的挖掘、抢救、保护和宣传下，桥头凉帽制作技艺申报列入了广东省东莞市级非遗项目。尽管时代变迁，人们的服饰选择多样化，但凉帽仍然有其存在的市场，村镇街头时常可见妇女佩戴，别有一番趣味（图5.2.5～图5.2.13）。

图5.2.5　竹篮制作（来源：调研团队摄）

图5.2.6　凉帽制作1（来源：桥头镇文化服务中心提供）

图5.2.7　凉帽制作2（来源：桥头镇文化服务中心提供）

图5.2.8 凉帽制作3（来源：桥头镇文化服务中心
提供）

图5.2.9 凉帽制作4（来源：桥头镇文化服务中心
提供）

图5.2.10 凉帽制作5（来源：调研团队摄）

图5.2.11 凉帽制作6（来源：调研团队摄）

图5.2.12 凉帽1（来源：调研团队摄）

图5.2.13 凉帽2（来源：桥头镇文化服务中心提供）

6

美食：
桥头特色，古村韵味

东莞一地，根据地理区划的特点，可划分为水乡、山区、埔田、沿海、丘陵等片区，由于生产生活的环境差异，所以各地饮食风格也略有不同。水乡片区的麻涌镇、中堂镇、望牛墩、洪梅镇、道滘镇等，以及沿海片区的虎门镇、长安镇、沙田镇、厚街镇等，作为典型的鱼米之乡，特色饮食自然少不了淡水或海产的鱼虾蚌蟹，口味咸甜并重，如鱼丸、洪梅生滚骨、虎门烤鳗鱼、中堂鱼饺、清蒸麻虾、钵仔烤禾虫等。山区片区的樟木头、谢岗镇、塘厦镇、清溪镇、凤岗镇等，肉类食材以家禽、家畜为主，由于邻近客家民系文化的惠州，在长期民间经济文化交流的背景下，本地居民饮食呈现客家特色，味道偏于浓重，如客家扣肉、咸鸡、酿豆腐、梅菜肉卷、酿鲮鱼、过年鹅等地方菜肴。埔田片区的桥头镇、石龙镇、石排镇、茶山镇、企石镇等，广府水乡和客家山区的特点兼而有之，不少家庭养了鸡鸭鹅，口味偏甜。如石排冬瓜煮大鱼、塘厦碌鹅、茶山盐插虾等。

桥头镇地处埔田片区，田少人多，尽管缺少各类水产或山野食材，传统菜式也许并不丰富，但人们精于烹饪，巧用作料和酱料，也是别有一番味道。具有地方特色的风味小吃和菜肴，一代代流传下来，成为邓屋村人饮食文化中不可缺少的组成部分。由于全年高温湿热，所以本地饮食一向注重清热祛湿，并讲究按时令饮食。而且，即便是在生活条件艰苦的年月，人们也会发挥聪明才智，就地取材，让有限的食材通过加工变换成多样的形态和口味。众多本地美食的做法，正是人们不断总结生活经验的智慧结晶。

6.1 小食

6.1.1 一榄多用，老少咸宜

橄榄是我国南方广东、广西和福建的特产。有乌榄和白榄之分。

邓屋村历史上盛产乌榄，在2002年左右还有老树100株左右。

乌榄果实的用途多，价值高，深受人们喜爱。它的果实食用方式多样，既可以用热水加工熟食，也可以去核后把榄肉制成榄角、榄酱，成为可口的配菜佐料，还可用于煲汤，提味提香。而榄核中的榄仁，不仅可以用于炒菜，更是广府地区中秋五仁月饼的上等原材料，价格高达200多元一斤，居"五仁"之首，取出榄仁后，榄核还可加工成上等的木炭化燃料……真可谓"物尽其用"，浑身都是宝（图6.1.1～图6.1.6）。

白榄（图6.1.7），又叫青果，成熟时果实颜色由青变黄白，故粤人称之为"白榄"。具有清燥热、润咽干、生津液、助消化的功效。果可直接食用，初入口时略带涩味，慢慢嚼之，则甘香回味，清香适口，生津润喉，唇齿留香，人们常以橄榄搭配润肺的蜜枣来煲制猪瘦肉汤。青橄榄也可腌制成蜜饯或是熬制橄榄菜。

图6.1.1　乌榄1（来源：桥头镇文化服务中心提供）

图6.1.2　打乌榄（来源：桥头镇文化服务中心提供）

图6.1.3　乌榄2（来源：桥头镇文化服务中心提供）

图6.1.4　乌榄干菜制作1（来源：桥头镇文化服务中心提供）

图6.1.5　乌榄干菜制作2（来源：桥头镇文化服务中心提供）

图6.1.6　乌榄干菜制作3（来源：桥头镇文化服务中心提供）

　　过去在村镇街头巷尾，就有小商贩兜着榄箱，吹着唢呐，四处叫卖腌制的各式各样的辣椒榄、甘草榄、和顺榄和咸榄，吸引众人购买品尝①。

---

① 莫树材．桥头风物志［M］．东莞：东莞市桥头镇文化站编印，1990：119．

图6.1.7 黄麻岭上的白榄树（来源：调研团队摄）

图6.1.8 荞头（来源：莫小琼摄）

在东莞的埔田片区一带，本地的家庭、食肆，惯用自产的豆类作豆豉、豆酱，以及榄角作佐料加工食材，制作出鲜香可口的菜肴，如榄角蒸鱼嘴、榄酱炒饭，豆豉蒸鸡等特色菜。因为名声在外，现在一些外地的餐厅也慕名而来，到埔田片区乡下寻觅这些价廉物美的特色佐料。

现在邓屋已无乌榄树，仅发现存有一株白榄树矗立在黄麻岭，成为历史的见证。

6.1.2 一食荞头，就谂到桥头

桥头的荞头（图6.1.8）饱满壮硕，尤以腌渍荞头出名。人们多将其作为餐前小食，爽脆可口，生津醒胃。荞头具有食疗药用价值，有消食、除腻等功效，是名副其实的保健食品。据《食疗本草》记载："患寸白虫人，日食七颗，经七日满，其虫尽消作水即瘥。"桥头镇有酱盐铺以盐、糖、醋为原料，用专门的大池子来腌渍荞头，每年出产醋渍荞头五千多担，如此大的产量，不仅满足了本埠需求，而且供给周边村镇，成了桥头的名牌土特产。以至于外地人把"荞头"与"桥头"名字谐音联系，说"一食荞头，就谂到桥头"。

6.2 粉果①

东莞本地饮食中的糕点小吃非常丰富，品类繁多。其加工制作原料主要是稻米，家家户户都会通晓熟悉其中几种常见糕点的做法。在桥头镇，人们将糕、点、粉、丸（粤语音通"圆"）

---

① 莫树材.桥头风物志［M］.东莞：东莞市桥头镇文化站编印，1990：124-127.

统称为"粉果"。粉果大都以糯米粉为基本原料，辅以糖、油，乃至不同的馅料加工制作而成。由于工艺不同，于是便有了风味各异、样式繁多的粉果类别，其中，猎糍、红团、松糕、元龙等最具代表性，深受桥头镇各村人们的喜爱。

6.2.1 响甜糕

响甜糕是桥头地区常见的糕点，清甜、爽口。过去有人制作好响甜糕，去到田里，以物易物，以糕换谷，故而又得名禾糕。邓屋村当年有人专门制作响甜糕，远近闻名，出炉的糕深受邻里街坊欢迎。现在街头已经没有走街串巷的师傅叫卖响甜糕，但桥头墟市场上有固定的糕档，人们买来当作早餐或是日常的零食。

6.2.2 糖不甩

糖不甩是广府地区常见的小食，类似汤圆，在东莞的桥头、道滘等地民间均有流行，其原料为糯米粉、花生、芝麻等。糯米粉与温水调和制成面团，继而取小块面团揉成圆丸形态，先后以开水和滚热的糖浆熬煮。出锅后盛入碗中，佐以碾碎的炒花生粉粒、芝麻，将煎蛋皮切成细丝点缀其中伴食，入口香滑绵软，甜而不腻，因此老少咸宜。过去人们白天在田间劳作之余，来一小碗糖不甩，不仅充饥，而且舒缓身心，颇为惬意。[①]

有关糖不甩的得名由来，各地流传的传说颇为有趣。一种说法，是在清朝末年鸦片泛滥的时候，八仙之一的吕洞宾专门制作了治瘾灵丹。他化身民间走街串巷叫卖小食的老人，将仙丹藏于熟糯粉丸内，名之"糖不甩"，意为"糖粉粘丹不分离"。由此遏制了民间的鸦片流毒……[②]另一说法则与爱情有关。过去青年男女双方如果情投意合，谈婚论嫁，女方家长便会端出一碗"糖不甩"点心，表达心意。甜蜜、黏稠的口感，寄托了老人对子女长久、甜美、圆满生活的期望。

---

① 莫树材. 韵味桥头 [M]. 北京：大众文艺出版社，2011：104.
② 清朝道光十九年（1839年），东坑镇一带吸食鸦片之人甚多。初春二月二，由于流毒泛滥，民不聊生，赶往东坑过"卖身节"受财主雇佣的男丁精壮无几，大都是面黄肌瘦，劳力退减。上天大八洞神仙吕洞宾闻说后连忙打制治瘾灵丹，普度众生。但良药苦口，再者私自下凡，乃冒犯天条。于是吕仙人把仙丹藏于熟糯粉丸内，配以糖浆煮成甜滑、可口的"糖不甩"（取之"糖粉粘丹不分离"之意），摇身变成一个挑担叫卖的老翁，从街头到墟尾实行半卖半送。众人吃后，果真杀住了鸦片流毒，体力、智力恢复。农历廿四节气倒背如流，东坑"糖不甩"因此而名扬远近（详见东莞市人民政府网http://www.dg.gov.cn/zjdz/whdz/dztc/content/post_299348.html）。

6.2.3 猎糍

农历十月初一是个民间的节日，俗称"牛轮朝"，也称"年轮朝"，通俗讲，这天是耕牛被人驯服，为人们辛苦耕作的纪念日，是牛的"生日"。耕牛作为农耕时代的重要畜力，帮助农民收获五谷，日复一日，勤勤恳恳，成为农民们日出而作的好伙伴。于是，东莞不少地方特设这样一天，犒劳耕牛。事实上，原本用于馈赠耕牛一饱口福的粉果，却也成为人们的可口风味小吃。

附：当地民间与牛有关的儿歌
牛仔眸，眸来吁，唔跟亚妈跟包谁，亚妈同人绞竹蔗，朝朝绞到日头斜。
掌牛仔，掌牛哥，赶早赶牛上山坡；草儿嫩，草儿胖，饱得牛仔弯又驼。

这个粉果就是猎糍，以糯米粉做皮，花生、白糖做馅。制作工序有点类似于包饺子：先把糯粉在锅里做熟，和成团状，将其分成小块状，再由小团块，压成"皮"状，手拢起来，加以馅料，包起来，整个便像捏包子、饺子一样成为一个猎糍粉果，即时就可入口品尝了。制作过程中为避免粘手，表面撒了干粉，因此做好的猎糍不仅皮薄、馅多，口感糯软，香甜可口，而且雪白诱人，观感可爱。现在若想吃到"猎糍"，已经十分便利，无需等到"牛轮朝"专门制作来吃了，市场上有人专门制作出售，很受欢迎（图6.2.1、图6.2.2）。

图6.2.1　猎糍1（来源：桥头镇文化服务中心提供）

图6.2.2　猎糍2（来源：桥头镇文化服务中心提供）

6.2.4 红团

红团，同样是以糯米粉做皮，包裹馅料而成。与猎糍有所区别的是，红团有甜、咸两种不同的口味，而且用手捏包好红团，还需放进蒸笼，大约蒸过20分钟后，才出锅成为熟食（图6.2.3）。

花生和白糖做馅料的红团，米粉被染成红色，因此成品颜色红艳，十分抢眼；咸味的"红团"并不红，而是白色，以花生、眉豆、葱蒜等作馅料。民间的祭祀仪式少不了甜味红团。逢年过节，各家各户都会自制或采购些红团，摆上桌面，已然烘托出红火喜庆的节日氛围。

图6.2.3　红团（来源：桥头镇文化服务中心提供）

6.2.5　松糕

桥头人们每逢节庆、喜事，还会摆上一份松糕。从谐音取义的角度来看，"糕"和"高"同音，寓意吉祥，有高升发达之意，振奋人心。松糕的原料，仍然是米粉，由粘米粉与糯米粉，大约按3：7比例混合均匀而制成，这样出品既足够松软，又能稳固成型。同时，少不了花生和白砂糖制成的馅料，成品好似夹心的小型"三明治"。制作过程也需要一种专用的木质模具"松糕格"作为辅助工具。首先用"逻斗"把调配好的米粉筛在一个一个的松糕格子中，然后在其表面撒上一层馅料，上层继续覆盖一层米粉，直至把松糕格子填充饱满，松糕的雏形模样初具。松糕制成，入笼蒸熟之后，有时还会用红粉盖上红印，星星点点，作为点缀装饰。或许是觉得味道单一了些，所以有人还在制作过程中加入五花肉，用以丰富口感（图6.2.4、图6.2.5）。

图6.2.4　松糕1（来源：桥头镇文化服务中心提供）

图6.2.5　松糕2（来源：桥头镇文化服务中心提供）

6.2.6　元龙

元龙（图6.2.6），又叫"年糕"，顾名思义，元龙用于过年节庆时节，且有步步高升之

图6.2.6　蒸元龙（来源：桥头镇文化服务中心提供）

意。人们一般在年前准备、制作几个，蒸熟留待开年后食用。蒸元龙需要提前准备好原料，米粉和糖搅拌后静置7天之久方可用于制作。粉浆制作过程要不断地把结块的颗粒碾碎，保证粉浆顺滑。粉浆制作好后，倒进铺好冬叶的竹编笼中，"元龙"的形态基本出来了，将之入锅大火来蒸。由于元龙用料扎实，因此蒸的时间较长，体量越大则越耗时，有的要蒸七八个小时方能直至熟透，有经验的人用筷子点一下、插一下，便可验证出元龙是否可以出锅了。不沾粉的程度，才算熟透。元龙其貌不扬，却是桥头农村人"扎年"的必备食品，寓意年年有余，步步高升。蒸好的"元龙"要等到年初二才可以切开，分给亲朋好友，当作一种美好祝福。

6.3 菜肴

6.3.1 桥头鹅

　　桥头镇的农家常常依托河涌水塘，散养一些鸭、鹅。常见的乌鬃鹅，肉质丰满，经过熟手的厨艺加工，成为本地的传统美食，在节日宴请中是不可或缺的一道菜肴。桥头镇曾经举办民间厨艺大赛，12款获奖菜式中有8款以鹅肉作为主要食材原料，形成"桥头鹅"系列，如豉油鹅、频囵鹅、脆皮烧鹅、银薯蚊鹅、油鹅、火热、松山鹅、蒜蓉鹅等。其中，豉油鹅的制作过程简易但味道出彩。顾名思义，加工鹅肉的时候除了适当添加蜜糖、蒜蓉和姜末等作料之外，最重要的一道工序就是淋浇豉油并使其充分入味（图6.3.1）。[1]

---

① 莫树材．桥头故事［M］．东莞：大兴印刷有限公司，2018：52．

图6.3.1　豉油鹅（来源：桥头镇文化服务中心提供）　　图6.3.2　芥菜（来源：桥头镇文化服务中心提供）

6.3.2　边园芥菜

芥菜是广大群众喜爱的一种菜蔬（图6.3.2）。邓屋村的边园芥菜，以清香、可口著名。该菜得名，缘于种植地点是在邓屋的东门塘边，也即现在村委旁的空地，那里土质松软，水土肥沃，也正是因为浇灌了东门塘的水，所以芥菜生长得十分喜人。对于身在外地谋生的邓屋人，边园芥菜便成为他们心里一直惦念着，回到老家一定要品尝的家乡"名菜"。芥菜叶绿素丰富，一经水洗，满盆清绿。且纤维极少，边园芥菜煲塘虱，是本地的特色农家佳肴，令人胃口大开，食欲大振[1]。

6.3.3　咸丸

在东莞各镇街，中秋节当天会煲粥和煮咸丸作为晚餐主食。其中，粥有鱼粥、鸡粥或鸭粥等多种做法；咸丸更是深受东莞人喜爱，作为一种在重大节日常见的特色传统美食，粤语中丸与"圆"同音，蕴含着合家团圆之意。

东莞的咸丸用糯米粉制作，捏成团，不加馅，比汤圆略小，煮的时候还会佐以鸡肉、鱿鱼、虾米、冬菇、腊肉碎粒、咸菜等，混合熬煮成汤，美味鲜香。

---

[1]　莫树材．桥头风物志［M］．东莞：东莞市桥头镇文化站编印，1990．

教育：

文德家风，传承有序

邓屋村在几百年不断的发展中，教育培养出众多人才外迁发展，事业有成之后又反哺家乡建设，以不同方式作出贡献。一个小小的邓屋村，滋养、孕育了一代代的杰出人才。近百年的历史中，有我国著名土壤专家、农业教育家、近代农业高等教育开拓者邓植仪，工程领域的专家、企业家邓鸿仪、邓盛仪、邓梁仪，中国科学院院士、激光学专家邓锡铭，香港《文汇报》的邓君璧，航空专家邓耀荣，邮票设计专家邓锡清，特殊材料专家邓锡浩，农业专家邓锡銮，以及京昆戏剧艺术家邓宛霞等，他们在各自的领域取得了丰硕的成果，成为东莞市乃至广东省内的一个令人瞩目的现象。

7.1 "为善"美德和"读书"传统

教育是民族复兴、国家振兴的基石。邓氏宗祠"善宝堂"入口挡中悬挂的对联"大小行事执快心东平云为善最乐，古今义礼归何处朱子曰读书更高"可谓是邓屋村文德家风，传承有序的一个历史注解。乡村文化的振兴，离不开传统文化的保育；文化自信的来源，植根于传统文化的土壤和优秀传统人文精神的传承。邓屋村在近现代历史上涌现众多科教、文化名人，无论身处何处，在各行各业作出贡献。尤为可贵的是，这样一种"为善最乐"和"读书更高"的崇文重教家风传统，优秀中华传统文化精神的传承，在一个从贫困走向富裕的东莞乡村，得到了充分的体现和印证。

邓屋村青少年的正式教育，在古代依赖于私塾学堂启蒙，近现代新学出现后，村里开设了善宝小学，并支持和推动了农业职业学校的建设，其办学经费的来源，与东莞明伦堂密切相关。在古代，明伦堂是学宫之正殿，是读书、讲学、弘道的地方。清代各县学宫都建有明伦堂。近代时期，东莞明伦堂以一种组织机构的形式在当地经济和社会治理层面曾产生重要影响。与广东其他各县相比，东莞明伦堂的"堂产"拥有六七万亩肥沃良田，经济条件更为充裕，除缴纳税收和支付经理局、自卫局管理以及武装费用之外，还支持兴办了东莞、石龙、虎门、道滘五间中学和几间小学。其中东莞、石龙的二间学校是全额负担经费，东莞全县曾接受明伦堂补助的小学一度达二百多间。邓屋村的邓庆云、邓植仪父子曾先后在明伦堂担任董事。邓植仪于1949年9月任东莞明伦堂副董事长，推动明伦堂设立示范农场，进行农业改良。[1]

---

① 东莞市档案馆. 东莞明伦堂文集［M］. 北京：中央编译出版社，2019.

图7.1.1　邓氏宗祠善宝堂（来源：调研团队摄）

图7.1.2　桥头农业职业学校旧址（来源：调研
团队摄）

　　1943年年初，日军入侵东莞，莞城沦陷，东莞中学、私立明生中学迁至桥头墟附近的李屋村开班授课。当时，本地青少年得以就近入学，升学人数增加。1945年8月，日本战败投降，两所中学又从桥头回迁莞城，但已经在这两所学校就读的桥头学子则因路途遥远、经济负担加重，无法追随学校去莞城就读，以至于失学在家。见此状况，人们不无惋惜忧虑。来自桥头墟附近各村代表，特地就此开会协商，并联名写信给当时的县长徐直公，请求再兴办"桥头中学"，经费主要由明伦堂予以解决。徐直公收到信后，讨论决定在桥头创办县立农业职业学校，由明伦堂拨款建设。1946年9月，桥头农业职业学校由邓植仪主持，在桥头墟东桥市创办开学，这是东莞有史以来的第一所农业职业学校，开创了东莞职业教育之先河[1]（图7.1.1、图7.1.2）。

　　附一：邓屋村邓鸿仪等人给徐直公县长的信[2]

　　中华民国三十五年七月 日

　　窃我邑第三区桥头墟附近，乡村众多，前以远离县治，交通阻梗，教育落后，民智闭塞，地方人士正图挽救。抗战期间，莞城沦陷，县中明中相继迁来，附近青年以入学条件便利，升学人数特占多数，文风一变。胜利以后，各校复回原址，此地青年升学，势须负笈远方，膳宿学什旅费，重增负担，而年幼者照料尤感不便，况在战后环境，生活程度高涨，远地求学，尤非普通家庭所易为力。长此以往，不特地方文化比前益形退步，而人才培植亦受相当影响，同人等世居本处，目击杞忧。曾邀请地方名流暨各村代表开会，经多次之商讨，结果均以本地小学数量日增，每年毕业升学人数不亚他处，应建议钧府暨明伦堂请在丰乐乡桥头墟或附近，筹办县立桥头中学，藉资提高地方文化水准，增加青年升学机会。关于经常费，请由明伦堂

① 中共桥头镇委员会，桥头镇人民政府．东莞市桥头镇志［M］．广州：岭南美术出版社，2006．
② 中共桥头镇委员会，桥头镇人民政府．东莞市桥头镇志［M］．广州：岭南美术出版社，2006：227．

依各校定额拨给，并以桥头墟郊外丰乐社及三圣宫庙为临时校舍，预计修建及开办费国币定一千五百万元（重建校舍再议），设备费一千五百万元，请由明伦堂拨给，如超过此数时，则由地方设法筹集补足。至负责筹备人员及校长，则请钧长正式选委地方贤达及具有教育学验人员担任，共同负责筹备及先行计划暨主持校务，于本年秋季开学，再图发展等议。用特联请钧长察核，俯予照准。以期早臻完成，并副钧长平时倡导发展地方教育美意。他日本处文化水准提高，人才辈出，则拜大赐也，乃候批示只遵！

谨呈

东莞县徐直公县长

莫鸿秋、邓鸿仪、邓东航、李汝聪、罗鹤亭、李星南、陈振中、罗蔚文、罗定民、黄竹基、邓时乐、邓时通、莫廷藩、罗子美、莫竹君、莫百轩、罗灿林、李溥钦、罗庆文、莫作荣、罗满林、罗振升、谢瑞常、黄喜民、罗德阶、罗定原、罗兆框、赖国钧、罗守红、邓元晃、莫作球押

附二：邓屋村邓时乐给徐县长的信[①]

哨天县座尊右迩者

钧座重绾县篆，造福乡邦，迩听新猷，曷铭郇颂，只缘羁食外乡，未克常亲教诲为歉。近承政祺、佳电为祝。专启者：敝处三区桥头，原为一自给自足农区，民情环境原有可造，前以介处县边，为当局所未德意，故数十年来，教育建设两都落后，识者隐忧。最近，地方代表士绅公创立县立桥头中学一所，藉以提高文化水准，为异时建设基础，早经呈请钧府俯准，并请转请明伦堂补助在案，群情兴奋，期在必成（乐昨拟偕罗君趋候并陈鄙见，适小女病急未得成行为怅）。今天会罗灿林兄对说，钧座创议改设农业职业学校以适实用，明百年树人大计，决地方建设范畴，高瞻远瞩，钦佩弗胜。此间同人咸表同情，实为地方人士所遵侯！敢恳早赐明令领导进行并正式指派专家暨明达士绅筹备完成，将来造福敝处，宁有豸手。兹承罗代表趋辕请示之便，敬托代问起居并代陈鄙意，万尧之见想，蒙垂察也。余未一一，匆匆敬问政安！

制弟　邓时乐拜启

① 中共桥头镇委员会，桥头镇人民政府. 东莞市桥头镇志［M］. 广州：岭南美术出版社，2006：228.

7.2 村里走出"坪石先生"

中山大学办学百年历史，活跃着众多广东教师的身影。在日本侵华、民族危亡的抗战期间，中山大学师生一度辗转西迁云南澄江，后奔赴广东乐昌坪石，再到粤东梅县、连县办学，在这个艰苦跋涉、坚持办学的历程中，众多学者为中国保存学术实力，赓续文化命脉，培养急需人才，作出了不朽贡献，被尊称为"坪石先生"。邓屋村的邓植仪、邓盛仪兄弟，名列其中。

7.2.1 农业教育家、土壤学家邓植仪[①]

邓植仪（1888—1957），字槐庭，是我国著名的农业教育家、土壤学家，近代广东高等农业教育的拓荒者，近代中国土壤学奠基人，华南农业大学的创校先驱（图7.2.1）。

邓植仪幼时受中国传统文化熏陶，青少年时期接受新学，又目睹国家动荡，农民生活困苦，农村经济落后等诸多社会现实，遂逐渐萌生和形成学习掌握科学技术以兴农、兴国的理想抱负。1909年，邓植仪选择自费留美求学，1910年进入美国威斯康星州立大学对土壤学展开系统学习。1914年学成，毕业后放弃留校工作机会，毅然选择回国工作。自1916年起，邓植仪投身农业教育和科学研究领域勤奋工作四十余载，于1957年10月18日，病逝在工作岗位上，享年69岁。

图7.2.1 青年时期的邓植仪
（来源：吴建新. 邓植仪评传［M］.
广州：广东省人民出版社，2014，4）

邓植仪曾担任广东地方农林试验场场长，兼该场附属广东公立农业专门学校校长，并参与筹建国立广东大学（后改称中山大学），先后担任广东大学农学院教授、中山大学农学院教授、农学院院长、土壤学部主任、农场主任、中山大学教务长等职务。新中国成立后继续积极参与新中国农业科教工作，为我国农业高等教育的开创、巩固和发展作出重要贡献。

邓植仪心系祖国农业事业，志存高远，为改变我国农业落后面貌，积极探索适合国情的农业科学研究路径，教学、科研与实践结合的理念贯穿于他整个工作生涯中，直至今天仍具有积

---

① 注：本章节内容据《邓植仪文选》《邓植仪评传》《华南农业大学百年图史1909—2009》等文献素材编辑整理。

图7.2.2 原华南农业大学校长、中国科学院院士卢永根题词（来源：东莞市政协，吴建新.邓植仪文选［M］.广州：广东高等教育出版社，2006）

图7.2.3 1984年中国农业科学院学术委员会发给邓植仪的表彰状（来源：东莞市政协，吴建新.邓植仪文选［M］.广州：广东高等教育出版社，2006）

极的现实意义。1943年12月16日，获评为第二批15位全国"部聘教授"中的农业学科部聘教授。2009年10月18日，中国土壤肥料业60年庆祝大会上，获评为"中国土壤肥料业60年最具影响力人物"之一。2011年，入选"世纪广东学人"（图7.2.2、图7.2.3）。

1. 留学归来　投身教育

邓植仪回国后即投入到广东高等农业教育和科研工作中。在他的推动下，广东公立农业专门学校实施"农专改大"，后并入国立广东大学农学院，为国立中山大学农学院乃至华南农业大学的建设发展打下基础。

1920年，邓植仪任广东公立农业专门学校（简称广东农专）校长，同时兼任广东农林试验场场长。广东农专和岭南农科大学是现在华南农业大学的前身。广东农专于1917年在广东农林试验场基础上成立，成立之初正值军阀混战，时局动荡，农业教育得不到重视，经费紧缺，办学困难，以至于在1923年，当时的广东省政府因财政困难欲变卖试验场。眼看教学无以为继，邓植仪组织全校师生开展"护地运动"，获得社会支持之后，教学实践用地终得到补偿、补给。

1922年底，邓植仪开始推动实施"农专改大"计划，目的是促进广东农业教育向更高层次发展，1923年12月获批，广东农科大学开始筹办。1924年孙中山创办国立广东大学（后更名为国立中山大学），于11月11日举办开学典礼，校训由孙中山题写为"博学、审问、慎思、明辨、笃行"，筹办过程中的广东农科大学遂归并入广东大学，成为该校的农科学院，邓植仪担任院长。广州市政府在石牌一带划分土地，供学校建设第二农场，但农场建设过程并非一帆风顺，1925年曾因村民抵制而发生波折。为此，农学院于1935年建设了"启新亭"（位于今华南理工大学五山校区），邹鲁和邓植仪分别写下碑记，以纪念这段艰辛创业历史，勉励师生发扬艰苦创业精神（图7.2.4、图7.2.5）。

邓植仪担任了石牌农场主任，按照不同学科划分，将农场分股分区经营。包括林业股、园艺股、农艺股、蚕桑股、畜牧股，短短时间，成绩斐然。如邓植仪在1929年底给《农声》编辑部写信描述园艺股的情况："石牌第二农场之玉堂岗，已经遍种青梅，改名青梅岭；附近竹照岗之东南小丘，遍种菠萝，名为菠萝岭。"而农艺股有水稻栽培和其他作物栽培，邓植仪支持丁颖进行水稻种植相关的灌溉、地力试验，纯系育种和杂交育种均取得重要进展。这一时期，蚕学、病虫害、园艺、畜牧等学科充分利用农场资源，致力于改善广东农业技术，引起了地方重视，并开展合作。

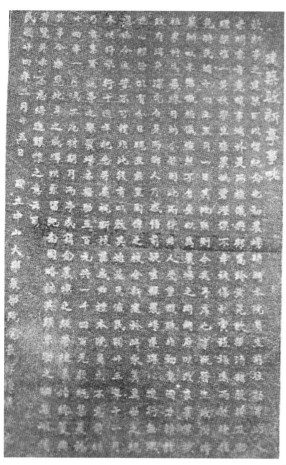

图7.2.4　1935年3月15日，邓植仪为启新亭撰写的《建筑启新亭事略》碑刻（来源：吴建新. 邓植仪评传［M］. 广州：广东省人民出版社，2014，4）

图7.2.5　启新亭旧照及现状（来源：华南农业大学百年校庆丛书编委会. 华南农业大学百年图史1909—2009［M］. 广州：广东人民出版社，2009；调研团队摄）

2. 躬行实践 科研卓著

作为一名科研工作者，邓植仪秉持了脚踏实地的科研作风，他的科研工作主要涉及了农业调查和土壤学研究。

农业调查贯穿了邓植仪的整个教学科研生涯。不论是在国内外出差开会，还是抗战期间辗转办学，每到一个地方，他都会抓紧一切机会开展农业调查。

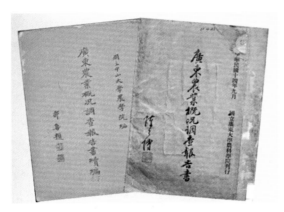

图7.2.6 《广东农业概况调查报告书》（来源：华南农业大学百年校庆丛书编委会. 华南农业大学百年图史1909—2009［M］. 广州：广东人民出版社，2009）

邓植仪自出任广东农专校长和广东农林试验场场长后，就着手开展农业调查工作，委派技术人员前往广东各地进行农业概况调查。自1920到1932年，历时12年完成当时广东94个县的普查，根据第一手的普查资料，进行分析整理和研究，先后编辑出版《广东农业概况调查报告书》《广东农业概况调查报告书续编（上卷）》（1929年刊行）和《广东农业概况调查报告书续编（下卷）》（1933年刊行）（图7.2.6）。此外，邓植仪还组织人员对广东蚕业、番禺增城东莞中山糖业、进口化学肥料营销和施用情况等进行了专项调查，并分别编撰刊行了调查报告书。这些调研成果真实反映当时广东农林生产实际，全面地呈现出全省农业概况，为产业发展提供了可靠、科学和翔实的基础性数据。

土壤研究是邓植仪科研工作的重点领域。1930年，邓植仪创办广东土壤调查所，与同事拟定《广东土壤调查计划书》，制定《广东土壤调查暂行办法》，规划并展开对全省农业土壤的调查研究，经过1930年至1938年长达8年的努力，完成番禺、南海、东莞等34个县的土壤调查，撰写出版了其中28个县的土壤调查报告书及土壤分布图（图7.2.7）。邓植仪在1931年至1933年间，主持广东省重要土壤系统性质及其分布概况调查工作，1934年，据调查结果撰写

图7.2.7 广东省部分县的土壤调查报告书（来源：华南农业大学百年校庆丛书编委会. 华南农业大学百年图史1909—2009［M］. 广州：广东人民出版社，2009）

了《广东土壤提要初级》，为各县土壤调查做出指导参考；1935年，出席英国主办的第三次国际土壤学大会和世界教育大会，借此机会实地考察了国外农业及其教育状况，并撰写了《出席第三次国际土壤学大会暨沿途考察农业与农业教育概况报告书》（图7.2.8）；抗日战争爆发后，在辗转多地办学的过程中，偕同丁颖、侯过等学者和学生先后实地调研并撰写了《沿滇缅公路考察昆明至大理间农林及土壤概况报告》《澄江县土

壤调查报告书》。

在充分调研的基础上，邓植仪推进本土化教学、科研，着手编写切合中国农业实际条件的土壤学教材。1931年，由邓植仪、彭家元二人合著的《土壤学》出版，后经不断充实完善，于1937年发行了第二版。该著作不仅是国内学者撰写的第一本本土的土壤学教材，也代表了当时国内土壤学研究的最高水平。

图7.2.8　1935年邓植仪参加世界土壤学大会之后，在美国和园艺学者黄昌贤合影（来源：东莞市政协，吴建新. 邓植仪文选［M］. 广州：广东高等教育出版社，2006）

图7.2.9　老年时期的邓植仪（来源：华南农业大学百年校庆丛书编委会. 华南农业大学百年图史1909—2009［M］. 广州：广东人民出版社，2009）

3. 良师益友　恪尽职守

邓植仪忧心近代中国农业落后状况，希望通过投身教育、科研推动农业技术进步。他毕生致力于发展农业教育，推行"教育、科研和生产"融合的理念，在生产实践中改进教育，开展科研，并以理论指导实践，以教育提升农技人员和农民的知识、技能水平，以科研指导农业生产。

优良师资队伍是发展教学事业的关键。邓植仪在农学院任职期间，广邀名师，身边聚集了一批志同道合的农业专家，培养出优秀的学生，形成推动中山大学农学院发展的中坚力量。

一方面，邓植仪尊重和爱护老同事，在1933年6月，筹备并主持利寅教授任职二十五周年纪念大会；在1935年5月，为在职十年以上教职员工丁颖等人举行纪念大会；另一方面，也重视青年人才培养，制定并实行《选派农学院助教及技术人员留学外国暂行规则》，先后选派资助多人赴国外留学，培养了一批青年学者学成归来，成为农业教学和科研领域专家（图7.2.9）。

4. 抗战办学　校史流芳

1938年10月，日军入侵广州，当时中山大学校长邹鲁尚在重庆。为避免战火殃及学校，肖冠英、邓植仪等带领7个学院，2000余名师生携带了1185箱、约72吨重的教学科研物资进行学校搬迁。搬迁过程几经波折，先到罗定，再往龙州，后选址云南澄江县办学。

西迁辗转途中，师生队伍分为两路：教务长邓植仪和各学院院长、教授率先赴澄江规划校舍，安排教学事宜；肖冠英带领其他师生和物资随后前往（图7.2.10）。澄江县距离昆明56公里，县城内外难以找到集中办学的场所，邓植仪等制定分散安置

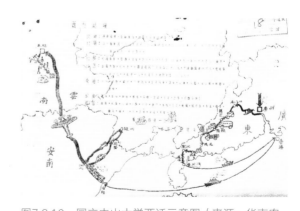

图7.2.10　国立中山大学西迁示意图（来源：华南农业大学百年校庆丛书编委会. 华南农业大学百年图史1909—2009［M］. 广州：广东人民出版社，2009；原件藏于广东省档案馆）

的方案，将各个学院安排在附近的不同村落，辅以少量建设作为补充，满足各学院办学条件。1939年2月9日，肖冠英和邓植仪等两路师生在澄江汇合，次日即开会举行开学典礼，宣布澄江校区于1939年3月1日开学。从邓植仪等到达澄江到分配校舍、安排教学事宜，到全校复课，时间不足两个月（图7.2.11、图7.2.12）。

1940年至1942年间，邓植仪奉命调往重庆农林部任技术总监。期间，中山大学于1940年8月从云南澄江迁往位于湘桂边界的坪石一带办学，其中，农学院在附近的湖南宜章栗源堡办学。邓植仪于1942年1月辞去技监职务后，返回中大任教，并于6月再度担任教务长（图7.2.13～图7.2.16）。1944年底，日军侵犯粤北，1945年1月，栗源堡沦陷，邓植仪率领农学院和文、理、法、工、师范学院部分师生再次搬迁，农学院于连县成立分教处，中山大学本部则迁至梅县。粤北办学期间，邓植仪不仅负责农学院的教学管理，还以教务长身份参与中山大学的校务管理，经常在栗源堡和坪石之间来回奔波。虽然条件异常艰苦，但学校各项工作有条不紊。英国剑桥大学生物学研究院李约瑟曾到坪石校区进行访问，他在论著《科学前哨》中赞誉："也许这是我在中国游历期间所见到的在研究和教学方面最大、最好的一所学院。"抗战结束后，1945年10月，中山大学连县分教处师生踏上了返回广州的路程。邓植仪被委任为复课委员会的迁运组主任，负责组织人员清点物资，迁移运送，保障了1946年3月学校复课。

中山大学与岭南大学两校之间师生的互助、交流、合作的传统自抗战之前开始，一直延续到两校复课广州之后。1946年4月，岭大校长李应林与邓植仪曾就开设经济昆虫科目，邀请赵善欢教授到岭大兼课一事进行书函沟通，确定"每两周前往上课一次"。

1952年11月10日，中山大学农学院、岭南大学农学院和广西大学农学院畜牧兽医系及病虫害系部分师生合并组建成华南农学院，1984年7月改制为华南农业大学。华南农学院成立

图7.2.11 国立中山大学师生前往云南澄江县途中（来源：华南农业大学百年校庆丛书编委会. 华南农业大学百年图史1909—2009[M]. 广州：广东人民出版社，2009）

图7.2.12 1939年，位于归马村的农学院学生宿舍外景（来源：华南农业大学百年校庆丛书编委会. 华南农业大学百年图史1909—2009[M]. 广州：广东人民出版社，2009）

图7.2.13　澄江《农声》复刊号（来源：华南农业大学百年校庆丛书编委会．华南农业大学百年图史1909—2009 [M]．广州：广东人民出版社，2009）

图7.2.14　1940年，邹鲁、邓植仪、丁颖等同事在云南澄江（来源：华南农业大学百年校庆丛书编委会．华南农业大学百年图史1909—2009 [M]．广州：广东人民出版社，2009）

图7.2.15　湖南省宜章县栗源堡国立中山大学农学院本部（来源：华南农业大学百年校庆丛书编委会．华南农业大学百年图史1909—2009 [M]．广州：广东人民出版社，2009）

时，邓植仪正任职于北京农林部，其后也未尝有机会回校任教。但从历史沿革来看，邓植仪为华南农业大学的创建和发展作出了杰出的贡献（图7.2.17～图7.2.20）。

5. 心系桑梓　回报乡里

邓植仪对家乡怀有朴素而深厚的感情，为家乡的农业建设和发展不遗余力地出谋划策（图7.2.21）。他曾亲往桥头镇一带考察潼湖的水利情况，并提出建设性意见；积极推动建立桥头农业职业学校，为地方培养专业人才；协助横沥镇引进优良蜂种繁殖，提高当地蜂蜜产量和质量。

邓植仪的一生，是为农业科研和农业教育事业奉献的一生，正如2011年9月15日《南方日报》的评价：邓植仪是一名杰出的

图7.2.16　1940～1944年，邓植仪住宅（来源：华南农业大学百年校庆丛书编委会．华南农业大学百年图史1909—2009 [M]．广州：广东人民出版社，2009）

图7.2.17 抗战后的中大农学院楼（来源：华南农业大学
百年校庆丛书编委会. 华南农业大学百年图史1909—2009
[M]. 广州：广东人民出版社，2009）

图7.2.18 农学院学生在院楼前（来源：华南农业
大学百年校庆丛书编委会. 华南农业大学百年图史
1909—2009[M]. 广州：广东人民出版社，2009）

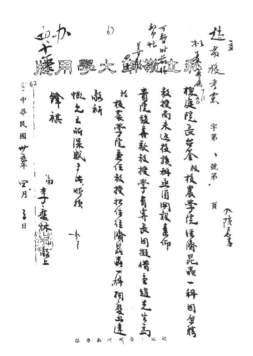

图7.2.19 岭南大学李应林书函（来源：风雨同
舟·学脉赓续 国立中山大学与私立岭南大学历史图
片展https://commons.ln.edu.hk/sysu-exhibition-
master/）

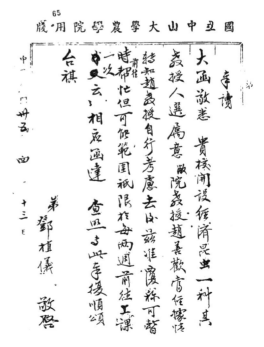

图7.2.20 中山大学农学院邓植仪书函（来源：
风雨同舟·学脉赓续 国立中山大学与私立岭南大
学历史图片展https://commons.ln.edu.hk/sysu-
exhibition-master/）

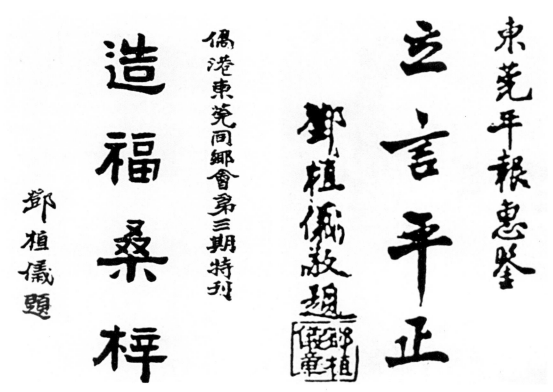

图7.2.21　邓植仪为家乡杂志题字（来源：东莞市政协．吴建新．邓植仪文选［M］．广州：广东高等教育出版社，2006；桥头镇文化服务中心提供）

教育行政工作者，也是一名杰出的教育家，他廉洁奉公，治学严谨，为他热爱的农业教育工作奉献了一生，是近代中国高等农业教育史上里程碑式的人物。

7.2.2　**爱国企业家邓盛仪**①

　　邓盛仪（1892—1984），字典初，19岁赴美留学修学土木工程专业。回国后，曾先后担任广三铁路工程师、两广公路交通部门主管，并曾参与国立中山大学的筹建和教学。邓盛仪后来走上"实业兴国"道路，成为知名爱国企业家，曾先后创办制钉厂和钢窗厂，打破外国产品垄断。新中国成立后当选为广东省政协委员，曾担任香港中华工商总会副会长（图7.2.22）。

---

① 注：本部分内容根据以下文献的图文素材及访谈邓锡清、邓勇、桥头镇文广中心、邓屋村委提供的图文素材及线索等整理、摘录、编辑：
　　1．詹文格．一代儒商的家国情怀，载《悦读桥头》，2020。
　　2．南粤古驿道网http://www.infonht.cn/.
　　3．The Industrial History of Hong Kong Group网站https://industrialhistoryhk.org/.

图7.2.22．邓盛仪（来源：邓屋村委收集，邓盛仪后人提供）

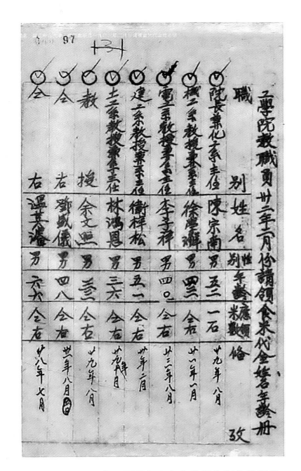

图7.2.23　1943年2月国立中山大学领食米的教职员名单，名单中出现邓盛仪名字（原件藏于广东省档案馆）（来源：南粤古驿道网 http://www.infonht.cn/）

1. 学成报国　任教中大

留学归国后，邓盛仪曾两次与中山大学产生交集。在国立广东大学筹备成立之初，邓盛仪作为工学院筹备委员会委员参与筹建，当时中国百业待兴，工业生产、工程建设人才极度缺乏。经一年筹备，工科专业筹设就绪并开始招生。抗日战争爆发后，1938年10月广州沦陷，邓盛仪迁往香港，至1941年12月香港沦陷，被迫放弃在香港的产业，历经艰险，举家回到桥头邓屋，小住后携二子邓锡全、三子邓锡铭奔赴粤北韶关坪石，回到工学院土木工程系任教。1943年2月中山大学工学院"领食米"教职员名单中，邓盛仪的名字清晰在列（图7.2.23）。

2. 创办企业　实业报国

（1）香港制钉厂

邓盛仪于1938年移居香港后，成立了香港制钉厂。该厂是当时香港第一家铁钉厂，注册资本20万港币。据新闻报道，工厂的机械设备、钢丝原料均为国外进口（图7.2.24），工厂生产运营状况良好，在国内外有大量订单，每月可生产2500桶钉子，每桶重约100千克。

据作家詹文格访谈、撰写的《一代儒商的家国情怀》记述：战争期间，邓盛仪曾以钢窗厂作掩护，积极收集情报信息支援抗战。1941年香港沦陷后，日本侵略者开始在香港征用工程技术人员。邓盛仪断然拒绝并暂时放弃香港事业，返回内地。

（2）广州钢窗厂

抗战胜利后，邓盛仪再次返港，并投身进入新领域，创办金属窗厂。此前，香港建筑工程所使用的金属窗，全部依赖进口，95%来自英国，5%来自美国和其他国家。

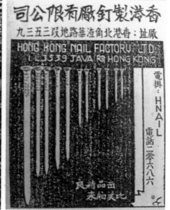

图7.2.24　1939年位于香港北角的香港制钉厂（大公报1939年6月30日）和香港制钉厂广告（来源：The Industrial History of Hong Kong Group 网站 http://industrialhistoryhk.org/）

为改变这一状况，邓盛仪从英国进口设备，于1948年成立金属制窗厂，其子邓锡智曾在美国研学工程学科，担任该工厂经理。该厂专注生产优质的不锈钢窗，尽管价格比易生锈的普通窗户贵，但其质量与进口窗户相当，大部分在国内市场销售。

（3）天津大成行五金机械厂

由于战后原材料价格飞涨，香港制钉厂不得不降低产量，原本每月产能可达500吨铁钉，到1950年已降至每月约100吨。1950年，抗美援朝开始后不久，邓盛仪决定关闭香港制钉厂。在陈祖沛的财政支持下，邓鸿仪与联合金属厂的总工程师陈广生合作，将150吨的设备从香港制钉厂运输到天津，并从香港招募工人和技术人员在天津建立了铁钉厂。新工厂被命名为天津大成行五金机械厂，邓鸿仪任厂长，陈广生任总工程师。据香港《大公报》报道，"香港制钉厂由港迁津"，新工厂"获人民政府大力照顾"，迅速壮大，"短期内建立钉线厂，初期产量即可等于在香港时的十倍。该厂已改名为大成行五金机械厂，将逐步增建机械厂及轧钢工厂"（图7.2.25）。

值得一提的是，邓鸿仪在此前还曾"于民国十八年八月受命主理广东西邨士敏土厂工程处"，参与位于广州的西村士敏土厂（水泥厂）建设。水泥厂在不同的历史时期，曾经承担了重要的历史使命：建成初期，优质产品令进口产品降价；新中国成立

图7.2.25　香港《大公报》1951年11月6日：香港制钉厂由港迁津（来源：The Industrial History of Hong Kong Group 网站 http://industrialhistoryhk.org/）

后也为广州城市建设立下功劳。

该厂目前存留一处文物建筑，系当年工厂办公楼，根据历史改扩建档案记载，并结合实地勘察可知：办公楼建筑于1932年（民国21年3月）建成。始建时，为2层，楼梯直通二层天面，体型方正，内设开敞回廊，在西侧还建有食堂及围墙。后经过多次的加建、改建和修缮利用。附邓鸿仪手书的办公楼奠基石全文如下：

> 有基勿壞
>
> 鴻儀於民國十八年八月受命主理廣東西郊士敏土廠工程處，迄今三十閱月始底于成。在建築安裝期間，屢值地方多故，幸仗長官不斷的訓誨，及〇同事努力之勳助，基礎樹立，欲垂永久。深願後之來長斯廠者，複〇而光大之，則政府於革命時期不忘建設之旨可昭示，有眾爰序數語，飭工勒石，以誌不忘。
>
> 中華民國二十一年三月
>
> 廣東西村士敏工廠建築工程處鄧鴻儀謹志

3. 爱国倡议　担任要职

1950年，抗美援朝战争爆发，新中国刚刚成立，经济基础十分薄弱，国家百废待兴。为了支援抗美援朝，保家卫国，邓盛仪发动香港爱国企业家捐款捐物，同时还号召企业家购买大陆发行的公债，援助国家建设。一批热爱祖国、心系家乡的企业家积极响应，踊跃捐献，通过各种途径向在朝作战的中国人民志愿军提供生活、医疗等物资。

1956年香港发生暴动，大批暴徒冲进工厂，破坏办公设备，燃烧办公室，损毁机器，抢劫物资，实施了打砸抢烧的暴行，工厂被毁。邓盛仪无比愤慨，通过大公报指控、谴责暴徒野蛮行径（图7.2.26～图7.2.30）。据作家詹文格访谈、撰写的《一代儒商的家国情怀》记述：邓盛仪工厂被烧的消息传到内地，时任中南局第一书记的陶铸接见了邓盛仪，鼓励他振作精神，有祖国的强大支撑，不管遇到多大困难都可以克服。在政府的支持下，不久之后，更大规模的新厂终于建成复工。邓盛仪作为一位极具家国情怀的实业家，还曾于改革开放初期，牵线引进港资钢窗厂落户沈阳，引进第一家港资餐馆落户广州，开启合资企业先

图7.2.26 《大公报》1956年10月14日（来源：The Industrial History of Hong Kong Group 网站 http://industrialhistoryhk.org/）

图7.2.27　原西村士敏工厂旧照（来源：办公楼修缮设计资料）

图7.2.28　原西村士敏工厂办公楼（20世纪30年代）（来源：办公楼修缮设计资料）

图7.2.29　原西村士敏工厂办公楼奠基石（来源：调研团队摄）

图7.2.30　原西村士敏工厂办公楼（21世纪初）（来源：调研团队摄）

河。1956年，广东省增选一批科学技术和文化艺术界的高级知识分子以及香港、澳门商界的知名人士为中国人民政治协商会议广东省委员，邓盛仪作为香港厂商会理事名列其中。邓盛仪秉承爱国爱港爱乡传统，积极建言参政。

邓盛仪曾担任香港中华总商会第25～27届副会长、第29届司库、第29～30届副会长。香港中华总商会于1900年成立，是香港历史最长及最具规模的商会之一。自创立以来，香港中华总商会以服务社会、与时并进为宗旨，致力为商界提供工商业资讯交流的机会，促进国际的沟通和推广工商贸易。香港中华总商会与世界各地的商会，特别是海外华人工商社团保持密切联系，其中与内地商会的关系更为密切，在推动内地对外贸易及促进国际对华投资方面，一直扮演活跃的角色。

1984年4月13日，邓盛仪在香港去世，享年92岁。新华社香港分社曾召开了一次座谈会，在座谈会上主持人介绍了邓盛仪的事迹。邓盛仪先生不仅是一位成功的企业家，更是一位爱国企业家，为祖国统一、民族振兴、国家富强发挥了重要的桥梁纽带作用。

7.3 开枝散叶，花开各处

7.3.1 激光院士邓锡铭[①]

邓锡铭（1930—1997），中国科学院院士，光学、激光学家，组织研发出我国第一台红宝石激光器，并创建了以"神光"系列为代表的高功率激光装置，曾荣获国家科技工作进步奖一等奖、中国科学院科技进步特等奖、首届陈嘉庚科学技术奖、科技进步二等奖、中国科学院先进工作者等。邓锡铭是邓盛仪之子，出生于广州。他从小喜欢自然科学，少年时期受电影《少年爱迪生》的影响，对科学技术产生浓厚兴趣，并立志长大后学物理，搞发明创造。因此儿时就经常利用课余时间进行小发明、小制作，尝试解决生活中的问题。

1952年毕业于北京大学物理系之后，邓锡铭在光学老前辈王大珩院士的带领下，在中国科学院长春精密机械研究所工作了12年。1961年，组织研发成功我国第一台红宝石激光器。1961年年底，几乎与国外学界在同一时间，独立提出了高功率激光Q开关原理。1964年，荣获"中国科学院先进工作者"称号。同年，到上海负责组建中科院上海光机所，并长期担任副所长职务。1987年，领导研发成功高功率激光装置"神光I"装置。1993年，当选为中国科学院院士。

在科研生涯中，邓锡铭花费巨大精力从事科研组织工作，领导科研团队，开创了我国用于ICF研究的高功率激光驱动器技术领域。从无到有、从小到大、从粗到精，建成了以"神光"装置为代表的多项大型高功率激光工程，达到了国际同类装置的先进水平，使我国在世界激光领域中占有一席之地。

邓锡铭是我国恢复研究生培养制度后，国家首批批准的博士生导师。他培养了近40名硕士和博士研究生，许多人学有所长，有些已经晋升为教授、博士生导师（图7.3.1），成为我国光电信息领域的中坚力量。

邓锡铭为开创、发展我国的高功率激光事业奋斗一生。作为我国激光科技领域的开拓者、奠基人，以其孜孜不倦的探索创新精神，为科学献身的崇高精神和人格魅力，青史留名。为纪

① 注：本部分内容根据以下文献的图文素材及访谈桥头镇文广中心、邓屋村委提供的图文素材等，整理、摘录、编辑：
1. 詹文格，詹文丰. 激光先驱邓锡铭［M］. 广州：广东人民出版社，2015.
2. 曾德军. 邓锡铭：中国激光科技之父，载《南方日报数字报》，2009年9月11日。
3. 邵海鸥. 激光领域的开拓人——怀念邓锡铭先生，载《物理》，1998年第10期。
4. 南粤古驿道网http://www.infonht.cn/.

念这位中国激光之父，2008年12月底，东莞市政府在市科技馆正门广场为邓锡铭院士塑造纪念铜像。

图7.3.1　邓锡铭院士（左一）1995年在实验室与两位青年科学家助手研究开拓激光科研新领域（来源：桥头镇文化服务中心收集，邓锡铭家人提供）

7.3.2　邮票设计家邓锡清[①]

邓锡清，生于1935年7月，我国著名邮票设计家。曾在邓屋村善宝小学读书，后到广州读中学。1962年进入中央美术学院油画系，师从著名中国画和油画大师、美术教育家吴作人先生，1967年毕业，1973年开始从事邮票设计工作。

邓锡清的主要邮票作品有《万国邮政联盟成立一百周年纪念》《中国共产主义青年团第十次全国代表大会》《纪念"五一"国际劳动节九十周年》《飞天》《中国古代科学家》（第三组）《刘少奇同志诞生八十五周年》《工艺美术》《民族乐器——拨弦乐器》等10多套邮票，其中，《工艺美术》被评为新中国成立三十周年最佳邮票，《中国古代科学家（第三组）》获评1980年最佳邮票（图7.3.2~图7.3.5）。为纪念中国航天事业创建60周年，神舟飞船还搭载了1978年发行的T29M《飞天》邮票小型张作品升空（图7.3.6、图7.3.7）。

图7.3.2　邓锡清的邮票设计处女作《J1万国邮政联盟成立一百周年纪念》，于1974年5月15日发行（来源：邓锡清提供）

---

① 注：本部分内容根据以下文献的图文素材及访谈邓锡清、邓勇、桥头镇文广中心、邓屋村委提供的图文素材等整理、摘录、编辑：
　　1. 詹文格. 邓锡清：方寸之间有乾坤，载《悦读桥头》，2015。
　　2. 王宏伟. 对话邓锡清：每天都争取上一个台阶（连载），载《中国集邮报》，2018年9月28日；2018年10月19日。

图7.3.3 邓锡清设计，于1980年11月20日发行的《中国古代科学家（第三组）》被评为"1980年最佳邮票"（来源：邓锡清提供）

图7.3.4 1985年发行的我国第一枚T106熊猫邮票小型张，由吴作人执笔，采用传统的水墨画，邓锡清担纲设计（来源：邓锡清提供）

图7.3.5 于1983年1月20日发行的《T81邮票民族乐器——拔弦乐器》是邓锡清最喜欢的作品之一（来源：邓锡清提供）

图7.3.6 为纪念中国航天事业创建60周年，神舟十一号载人飞船升空时，搭载了60枚由邓锡清设计的于1978年发行的T29M《飞天》邮票小型张升空，后来其中一张邮票以66万元被拍卖。图为T29M《飞天》邮票小型张原图（来源：邓锡清提供）

图7.3.7 邓锡清在桥头镇莲城展览馆举办"清心入画念故乡"——邓锡清书画邮票专题展（来源：桥头镇文化服务中心提供）

7.4 展望：崇文重教　家风传承

习近平总书记强调："不论时代发生多大变化，不论生活格局发生多大变化，我们都要重视家庭建设，注重家庭，注重家教，注重家风，使千千万万个家庭成为国家发展、民族进步、社会和谐的重要基石。"在百余年的时间里，为何邓氏家族能培养出这么多出类拔萃的人才？原因正是崇文重教的优良家风传承。正如邓氏宗祠悬挂的一副对联所言，"大小行事执快心东平云为善最乐，古今义礼归何处朱子曰读书更高"。这是对邓氏家族良好家风家训的生动诠释。

图7.4.1　少先队员参观华南教育历史研学点邓屋村名人展（来源：桥头镇文化服务中心提供）

回顾邓氏子孙的成才之路，无不经历勤学苦读，奋发努力的过程。一个重视教育，不断加强道德修养的家族，才可能培养出栋梁之材。回望历史，可以看出，这些取得卓越成绩的后人无不经历了名校的浸润，在其家族中植入了勤学深思的基因。邓屋后人心怀家国的求学理想，不管顺境逆境，无论在新旧时代，都注重对子女的品行教育。把立德、修身、行善放在重要的位置，让子女每天进出都能从对联中看到家规、家训，并铭记于心，从而付之于行，体现出营造良好家风的美好愿望（图7.4.1）。

桥头镇通过保护利用邓植仪、邓盛仪等人物的故居、旧居，打造东莞籍华南教育历史名人陈列馆，展示华南教育历史名人事迹，描绘邓屋村科教、文化名人的人物群像，弘扬其不畏艰难，以书育人、科教救国的爱国精神。

抗日战争时期中国大学的内迁，保存、延续、积蓄了近现代中国教育的力量，书写了筚路蓝缕、波澜壮阔的教育历史图景。华南教育历史研学基地、研学点的建设，正是以抗日战争时期国立中山大学、私立岭南大学、培正培道联合中学等一批华南地区知名高校、中学辗转多地、坚持办学历史为背景。全省在建的研学基地、研学点正在成为回顾华南教育历史，追忆华南教育传统的精神家园（图7.4.2）。抗日战争民族存亡之际，在粤北韶关坪石地区，一批"坪石先生"坚信抗战必胜，坚持学术报国，科教救国，为延续教育火种，拯救国家和民族危亡，作出巨大贡献。他们曾经在极其艰苦的岁月中，以坚韧的精神坚守科研教学阵地，谱写了壮丽的奋斗之歌、战斗之歌；而中山大学、岭南大学、香港大学之间的互助过程，见证了中国教育史的一个伟大奇迹，体现了粤港师生危难时刻守望相助的民族情怀。

图7.4.2　华南教育历史研学点邓屋村历史文化展（来源：桥头镇文化服务中心提供）

　　东莞市桥头籍的"坪石先生"有我国近代高等农业教育的开拓者、土壤学家邓植仪，土木工程专业教师、爱国企业家邓盛仪。我国激光学科先驱邓锡铭院士，也曾在这段动荡时期跟随父亲邓盛仪在坪石生活和求学。以华南教育历史名人为主要内容的邓屋村"华南教育历史研学点"，与粤北华南教育历史研学基地相互呼应，与全省在建研学点形成互动网络，持续深化粤港澳大湾区教育合作的历史机缘与全新契机，共建"人文湾区"。

　　从历史走向未来，华南教育历史的精神根脉在东莞、在桥头、在邓屋生生不息。2013年，邓植仪女婿、科学家林世平教授携子林梓明博士回到华南农业大学，设立"邓植仪讲座基金"。该基金会由邓植仪的女儿邓英娥生前与林世平共同发起，捐资10万美元，用于邀请土壤、环境和农业资源等科学研究和教育领域的国内外学者来校向教师、科技人员及学生进行学术讲座。

　　作为一名祖籍东莞的科学家，邓锡铭关心家乡科技发展和科普工作，经常回到东莞桥头，了解家乡科技项目情况。在1996年东莞的"科技进步月"，还受市科委邀请，回到家乡进行了一次题为《信息产业及前景》的讲座。

　　八十多岁高龄的邓锡清虽身在北京，但仍然十分关注家乡桥头镇的科教文化发展。2014年、2016年曾两度回乡省亲。2017年，在桥头镇莲城展览馆举办了"清心入画念故乡"——邓锡清书画邮票专题展，展出作品包括珍贵的邮票设计手稿、邮品、油画、书画等一百多幅，他还通过展品认购环节，将认购所得到的部分善款捐给桥头镇和邓屋村，作为教育奖励基金，扶持科教文化人才培养。

　　同样身在北京的邓耀荣，少年时在善宝小学就读，后考入常平中学、东莞中学，1959年考入哈尔滨工业大学电子工程系。1964年大学毕业后到北京航空学院电工教研室工作。曾参与重大科研项目"歼六飞机模拟机"，该项目研发成功并通过空军验收，为国防建设作出贡献。他长期关心家乡发展，经常组织在京的莞籍专家、学者为东莞的建设和发展建言献策，并促成北京高校和东莞市的校地合作，支援东莞培养科技人才。

　　邓屋的后人们，无论是在家乡还是他乡，他们心怀家国理想，崇文重教，家风传承，为邓屋人的精神家园不断增添新的注脚。

参考文献

［1］东莞市地方志编纂委员会．东莞市志［M］．广州：广东人民出版社，1995．

［2］陈伯陶．民国东莞县志［M］．上海：上海书店出版社，2013．

［3］中共桥头镇委员会，桥头镇人民政府．东莞市桥头镇志［M］．广州：岭南美术出版社，2006．

［4］东莞气象志编纂委员会．东莞气象志［M］．北京：气象出版社，2006．

［5］莫树材．邓屋的故事［M］．东莞：东印印刷有限公司，2006．

［6］陆琦．广东民居［M］．北京：中国建筑工业出版社，2008．

［7］冯江，阮思勤．广府村落田野调查个案：塱头［J］．新建筑，2010（5）：6-11．

［8］叶涛．关于泰山石敢当研究的几个问题［J］．民俗研究，2017（11）．

［9］刘大可．中国古建筑瓦石营法［M］．北京：中国建筑工业出版社，1993．

［10］赖瑛．珠江三角洲广府民系祠堂建筑研究［D］．广州：华南理工大学，2010．

［11］周海星．岭南广府地区灰塑装饰艺术研究［D］．广州：华南理工大学，2004．

［12］广东省东莞市农业志编写组．东莞市农业志［M］．广州：广东人民出版社，1989．

［13］东莞市农业志编纂委员会．东莞市农业志［M］．广州：广东人民出版社，2014．

［14］东莞群众艺术馆．东莞民间歌曲集成［M］．广州：广东省出版集团花城出版社，2009．

［15］莫树材．桥头故事［M］．东莞：大兴印刷有限公司，2018．

［16］莫树材．桥头风情录［M］．香港：中华文化出版社．1993．

［17］莫树材．韵味桥头［M］．北京：大众文艺出版社，2011．

［18］莫树材．桥头风物志［M］．东莞：东莞市桥头镇文化站编印，1990．

［19］东莞市档案馆．东莞明伦堂文集［M］．北京：中央编译出版社，2019．

［20］东莞市政协，吴建新．邓植仪文选［M］．广州：广东高等教育出版社，2006．

［21］吴建新．东莞历史名人评传丛书．邓植仪评传［M］．广州：广东人民出版社，2014．

［22］詹文格．泥土上的歌者邓植仪［M］．北京：燕山出版社，2014．

［23］华南农业大学百年校庆丛书编委会．华南农业大学百年图史1909—2009［M］．广州：广东人民出版社，2009．

［24］詹文格，詹文丰．激光先驱邓锡铭［M］．广州：广东人民出版社，2015．

［25］曾德军．邓锡铭：中国激光科技之父［N］．南方日报数字报，2009-9-11．

［26］邵海鸥．激光领域的开拓人——怀念邓锡铭先生［J］．物理，1998（10）.

［27］风雨同舟·学脉赓续 国立中山大学与私立岭南大学历史图片展 https://commons.ln.edu.hk/sysu_exhibition_master/.

［28］The Industrial History of Hong Kong Group网站https://industrialhistoryhk.org/.

后 记

邓屋古村于2012年被广东省文学艺术界联合会、广东省民间文艺家协会评选认定为第三批"广东省古村落"。富有岭南特色的邓屋古村,文化景观内容丰富多彩,文化价值历久弥新,生动鲜活地展示了岭南传统文化。

邓屋历史数百载,一代代的邓屋人创造了自己家园的文化景观。无论是筚路蓝缕、开基建村的邓氏先祖,还是开垦埔田、发展农业的普通农民,乃至在近代以来涌现的科教、文化名人,无不赓续传承着拼搏奋进、崇文重教、爱国爱乡的文化精神。文化景观的硕果,正是这种内在文化精神的外化表现。

在详尽调研的基础上,本书以文化景观的视角讲述邓屋故事,再现岭南广府地区东莞典型村落的风貌风采,从历史渊源讲起,对聚落格局、景观要素和形态进行分析,揭示传统建筑的形制、装饰特征及其内涵,梳理归纳农业景观特征及发展历程,挖掘、描绘民俗文化的丰富内容,展示邓屋科教文化人物成就。

前人的工作积累为我们展开调查研究及编撰成文奠定了基础。东莞市文化广电旅游体育局、桥头镇文化服务中心、邓屋村委会、华南农业大学校史馆及历史系提供了诸多宝贵的图文素材、史料线索。本书在撰稿过程中,参考大量文献及采访素材,包括地方志书、建筑修缮设计团队绘制的历史建筑测绘图,桥头镇本土作家莫树材的著作,桥头镇文化服务中心推出的本地文化读本和网络宣传资料,有关邓植仪、邓盛仪、邓锡铭的人物著述,华南农业大学校史资料,邓锡清、邓勇、邓根喜等人访谈资料,编辑引用了其中的部分内容,并进行了归纳和研究分析,特此说明并致谢。

在调研工作以及编辑成书过程中,东莞市桥头镇文化服务中心资助并提供指导和协助,广东省规划师建筑师工程师志愿者协会杜黎宏会长、华南农业大学倪根金教授及华南理工大学施瑛副教授等专家提供建议及协助,特此致谢!同时,也向参与本工作的团队成员,农业组的李自若、颜梦琪、王蕾,人物组的顾瑞、李倩、刘兴东,建筑及村史文化组的陈乐焱、刘博洋、陈志星、林桂忠等师生致谢!

中华优秀传统文化的保护与传承工作任重道远,邓屋古村能够走进大众视野,并列入广东省"华南教育历史研学点",离不开社会各界的关注及推动。我们衷心希望本书的出版,能够为岭南文化的研究工作贡献力量。

郭焕宇

于 华南农业大学

图书在版编目（CIP）数据

邓屋村文化景观志/郭焕宇主编；东莞市桥头镇文
化服务中心编. —北京：中国建筑工业出版社，
2021.12
　　ISBN 978-7-112-26811-5

Ⅰ.①邓… Ⅱ.①郭… ②东… Ⅲ.①乡村—景观—
介绍—东莞 Ⅳ.①TU982.296.53

中国版本图书馆CIP数据核字（2021）第226407号

本书基于文化景观的视角，在详尽调研基础上，对岭南广府地区东莞市的一处典型村落——邓屋村展开研究。首先，从邓屋古村的建村源流、聚落形成历史讲起；其次，对古村聚落空间的聚落格局、景观要素和村落形态进行分析，展示传统建筑的营造形制、装饰艺术及其内涵，并就古村农业景观作出分析。最后，从民俗文化的层面，对民间工艺、民俗活动和传统美食等进行描绘展示，对古村崇文重教的历史文化传统展开分析，充分展示本村涌现的近现代农业教育家、爱国企业家、科学家的生平事迹，传承优秀传统文化精神，倡导传承"好家风"。本书适用于建筑学、城乡规划、历史文化专业领域等在校师生、专业技术人员，以及政府部门相关工作人员。

责任编辑：唐　旭
文字编辑：吴人杰
版式设计：锋尚设计
责任校对：王誉欣

邓屋村文化景观志
郭焕宇　主编
东莞市桥头镇文化服务中心　编
＊
中国建筑工业出版社出版、发行（北京海淀三里河路9号）
各地新华书店、建筑书店经销
北京锋尚制版有限公司制版
北京富诚彩色印刷有限公司印刷
＊
开本：787毫米×1092毫米　1/16　印张：10½　字数：226千字
2022年1月第一版　2022年1月第一次印刷
定价：**108.00**元
ISBN 978-7-112-26811-5
　　（38510）